建筑环境景观**钢笔画**表现技法图例与解析

作者简介

赵忠，副教授。毕业于东南大学建筑学院并取得硕士学位。先后任教于上海东华大学艺术设计学院环境设计系和南京财经大学艺术设计学院环境设计系。曾出版专著《建筑环境配景表现技法与手绘钢笔画图例》和译著《卡通动物》，主持并参与了多项省部级课题，在国内专业期刊上发表学术论文十余篇。

建筑环境景观钢笔画

表现技法图例与解析

赵忠　著

东南大学出版社｜南京

内容摘要

建筑环境景观是城市环境的重要组成部分。它既能反映一座城市的文化和品质，又能展示城市的品位与个性。对于设计师而言，培养手绘钢笔画能力，不仅随时随地可以在行走中记录下可供参考的优秀景观设计，同时还可以通过手绘过程去感悟好的环境景观设计的真谛。

本书作者有着 20 多年环境设计教学的经验。作者根据自己的教学体验，通过亲身实践和示范分门别类地从民居景观、广场街道景观、庭院景观、水景、滨水景观、亭子、廊架、桥、植物景观、雕塑小品、公共座椅、花坛小品、雪景景观等多个方面，以步骤详图和不同类型图例展示的方式，逐一详解不同建筑环境景观钢笔绘画的技巧和方法，从环境艺术设计、对建筑空间环境的理解，以及人与环境、空间三个方面进行了概括性的论述，使得学习者能够理解建筑环境景观背后的设计成因和理论基础。而且在完整空间场景的环境下讲解具体技法，更具实用性。

本书可作为建筑设计和环境设计的专业参考用书，更可以成为钢笔绘画爱好者的爱读之书。

图书在版编目（CIP）数据

建筑环境景观钢笔画表现技法图例与解析 / 赵忠著
. -- 南京 : 东南大学出版社, 2024.5
ISBN 978-7-5766-1394-0

Ⅰ.①建… Ⅱ.①赵… Ⅲ.①建筑画 – 钢笔画 – 绘画
技法 Ⅳ.①TU204

中国国家版本馆CIP数据核字（2024）第 081672 号

责任编辑：顾晓阳　　责任校对：张万莹　　封面设计：顾晓阳　　责任印制：周荣虎

建筑环境景观钢笔画表现技法图例与解析
JIANZHU HUANJING JINGGUAN GANGBIHUA BIAOXIAN JIFA TULI YU JIEXI

著　　者： 赵　忠
出版发行： 东南大学出版社
出 版 人： 白云飞
社　　址： 南京四牌楼2号　邮编：210096
网　　址： http://www.seupress.com
电子邮件： press@seupress.com
经　　销： 全国各地新华书店
印　　刷： 江苏扬中印刷有限公司
开　　本： 889 mm × 1194 mm　1/16
印　　张： 10
字　　数： 318 千字
版　　次： 2024 年 5 月第 1 版
印　　次： 2024 年 5 月第 1 次印刷
书　　号： ISBN 978-7-5766-1394-0
定　　价： 49.00 元

本社图书若有印装质量问题，请直接与营销部调换。电话（传真）：025-83791830

前 言

城市环境中的各种景观是城市活力的主要体现，它除了可以满足城市中各种人类行为的需要，其设计的品质还直接影响和关系着城市的整体规划与生态、城市的交通布局和公共服务设施，甚至城市历史文化遗产保护等方面的好坏。作为环境建筑设计师，不仅要有鉴赏建筑景观设计的素养，更应该具备随时表现和记录优美建筑环境景观的手绘能力。

建筑景观钢笔画手绘是环境建筑设计工作者构思、创作、记录、收集以及平时推敲设计方案的重要手段。钢笔作为舶来品，因其携带和绘画的方便，深受环境建筑师和绘画爱好者的喜爱，甚至在我国已经形成了一个独立的钢笔画画种。在各大高校的建筑学学科和环境设计专业的设计表现课程中，钢笔画已成为课程中的基础教学内容。通过教授学生钢笔画的技巧，可以提高和锻炼学生对建筑景观的表现和感知能力，提高学生的综合素质，并为未来的设计工作打下扎实的手绘能力基础。钢笔手绘是设计师通过图示语言来表达设计理念的首选工具，它可以用最简练和最快捷的方式将设计思路和方案表现出来。随着科技的进步，尤其是人工智能的飞速发展，人们见惯了电脑设计的“僵硬”表现，未来会更倾向于手绘的表现图。因为它更有温度和人情味儿，是机器无法取代的。同时，手绘的表现能力更能体现出一个设计师的艺术品位。

本书通过对繁杂的建筑景观进行主观分类，在每一个分类景观中通过不同的完整图例来分析和讲解手绘表现的技巧，同时还配有可供临摹的带有文字讲解的步骤图例，能够使读者通过生动的完整案例快速掌握钢笔画的表现技巧，并逐步提升建筑钢笔画的徒手表达能力。在这些图例中，既有钢笔线条的单线表现方式，又有排线式的明暗表达法，还有生动的粗细线条结合的表现手法，更有狂放不羁的带有写意式的快速速写手法，可谓内容丰富，表现手法多样，真正诠释了在不同景观感受和不同情绪下可以用不同的表现方式来表达。

希望本书的出版，能够对提高建筑环境设计类专业学生的教学有所助益，并对提升设计师的创作意识和专业素质有所帮助。

赵 忠

2023 年 7 月 10 日

目 录

第一章

概述

我们在学习不同类型建筑环境景观表现技法的同时，还应该对环境的概念有一个大体的认识和理解，从而能从绘画的角度去理解所绘景观的设计美感。所以本书先从环境、艺术、设计和对建筑空间环境的理解以及人与环境空间做了较为概括的梳理，使学习者能够大致了解环境景观形成的理论来源，接着再分门别类地对不同类型的景观进行技法解析，从而既有一定的理论高度，又有很强的实用性。

1.1 环境、艺术、设计

第一章　概述

环境的构成要素有很多，其设计几乎涵盖了当代所有的艺术与设计。一般来说，以建筑、绿化景观和雕塑等不同要素构成的空间组合称为外部环境空间。以建筑室内界面、不同家具陈设等要素构成的空间组合，称为内部环境空间。而外部环境空间中的环境、城市、建筑三者之间是整体与局部的关系。

城市设计是城市整体规划与建筑个体之间的重要纽带，建筑就是城市中最重要的个体部分。丰富多样的城市生活需求需要各种不同功能的建筑和设施来实现。因此，在环境整体设计时，就要做到既要有个性，又要相对统一有序，从而使各种类型的建筑景观形态能够组成更加多样化且完美的城市空间环境。不同城市都有着各自的地理、文化、历史、宗教、民俗、经济特点。通过这些自然景观和人文因素的构成，以及历史发展的推动，就形成了各个城市的独特特质，从而成为人们记忆中的特有符号。我们在观赏某个城市的建筑环境景观时，往往都是被其背后的历史文化以及丰富多彩的地方特色表现符号所吸引，从而产生了想记录并绘画的冲动。在具体表现此类景观时，除了要关注绘画本身的形式技巧外，还应表现出不同的城市地域特色。

和环境结合较为紧密的艺术种类有壁画、雕塑、装饰艺术和装置艺术等。这里的艺术作品只是整体环境设计中的手段之一，是为整体环境服务的，其风格和特色均要从属于其所处的环境整体风格设计要求中。环境艺术设计不只是单纯的环境加上艺术作品，它是属于整合型的设计，涉及多个学科，其牵涉面非常广泛。宏观上可以大到一座城市、一片地区和一个小区，微观上可以小到一座建筑、一间房间等，与建筑学、社会学，甚至文学和历史等学科都有一定的联系。

我们平时在对某一建筑环境景观进行写生时，还应对其背后的人文、历史、文化及科学技术等背景有一定的学习和探究，这将更有助于绘画的表现。同时，通过优美的图画表现，又能帮助我们记录下所绘景观的优秀设计元素，从而提高我们的设计和鉴赏水平。

1.2 对建筑空间环境的理解

第一章　概述

内环境空间通常是指由不同界面围合体所形成的相对封闭性的空间，如居住空间、商场、室内体育馆、展览馆等建筑室内空间。而建筑外环境指的是不同建筑之间以及建筑景观周围的环境空间，其形成和构成因素非常复杂，常常是随着社会功能的变化、历史文化的变迁，以及人类科技进步的推动而不断完善并逐步形成的。它往往是城市里的某个区域或不同建筑景观之间的过渡性空间，同时又是人们走出人造建筑物与大自然接触的体验休闲空间。在这里，人们可以享受阳光的普照，呼吸不同季节的气息，欣赏建筑景观与自然环境交织的美景。我们生活中接触较多的建筑外环境主要有广场、公园、街道、居住小区、工厂厂区、校园等类型。

在外环境中，为了满足人们不同的行为需求，其环境功能也必然多样化。这就自然形成了外环境中的局部环境。局部空间环境的设计就是为满足不同功能下的局部需求。而局部环境的设计又应符合外环境的整体规划要求以及风格的统一。局部环境空间的形成是根据人们在外环境中的行为方式决定的。如人们在外环境中行走，就会形成诸如行走、休憩、活动、闲聊、观看、聚集等行为方式，因此在建筑外环境的整体设计上，就要设计行走的、休息的、活动的、聚集的等局部空间，而这些相对独立的局部空间又必须融合在整体的建筑外环境空间中。

建筑外环境下的局部空间设计的形式呈多样化，主要有开敞型和半开敞型，形成这样形态空间的景观主要有植物、廊架、亭子、水景桥、公共座椅、铺地、花坛等。这些景观设施的安置可以形成暂时性的领域空间，会给人一种自然的依附感。如开敞型的局部空间，一般都会设置花坛、水景、凉亭、座椅等景观来吸引人的注意力。而半开敞型的局部空间通常是由一面、两面或三面围合所形成的局部空间，组成这种空间的围合体，可以有高低不一的墙体，也可以是千姿百态的树木、绿篱等景观设施。

对于设计师而言，空间有时是有形的，且具有长、宽、高的物理特性，有时又是无形的，是虚拟的，且具有心理调节的精神特性。人类在使用这些空间时，就是通过大小高低不一的参照物来感受空间的形态、位置、大小。设计师就是通过这些不同类型参照物的景观，赋予空间环境的形态、色彩、材质、大小、高低、空间远近等设计上的变化。不仅满足了空间环境的功能需求，更是满足了人们的心理上的精神需求。就像我国传统的园林空间，人们在行走中就是通过时间的变化来感受"步移景异""一步一景"的空间变化。通过藏与露、虚与实等传统园林设计手法来表现空间的层次变化。而空间层次的表达和设计是环境空间设计的重要内容。其变化不仅可以满足功能上的需求，更是人们视觉和心理上的重要需求。在环境设计时，可以利用远与近的布局和高与低的安排来丰富空间的层次。比如可以利用地形的高差、地面的人为上抬和下降以及不同高低植栽等设计手法来创造高与低的空间层次。也可以利用设置栏杆、绿篱、矮墙，甚至不同的地面铺装来创造出远近的空间层次。

当我们对某一景观进行写生时，要充分理解建筑环境空间美景背后的设计因素，理解其形成的原因和规律，只有这样，才更有助于画出美丽的画面，同时还可以更深刻地记录下优秀建筑环境景观的设计经验和现场感受。

1.3 人与环境、空间

环境设计与其他设计一样，都和人有着密切的关系，它是对人类赖以生存的空间环境品质以精神境界的再塑造。作为环境空间的主体，人是有着自己的行为目的和思想的带有社会性的群体。同时具有社会性和个体性两方面。人的社会特性，决定了人类需要可以进行信息交流、情感沟通以及共同完成某项工作的开放型的公共空间，如商场、工厂、学校、公园等不同大小和性质的空间环境。而人的个体性，体现出不同人的自我意识和强烈个性，这就需要有相对较为私密的空间环境，以形成相对封闭的领域空间，如亭子、廊架、座椅等。而人的行为因其目的性不同，会产生不同的行为方式，因此也就需要与之相适配的空间形式。就算相同的行为方式，也会因性别、年龄、宗教、职业、民族、习惯、亲密程度等因素造成很大的个体差异性，从而演变出不同的空间尺度、空间形态、空间性质，以适应不同人际交往心态。

人与空间环境的交互，主要是通过视觉来完成的。通过视觉可以获得 80% 的外部信息，并且能够将外部空间的信息如大小、形状、质感、色彩、光影等反馈到大脑中，形成记忆且形成图像的概念。而环境空间概念的形成就是依赖于形状、大小、比例尺度、空间位置、光影变化等构成因素。通过长期生活经验的累积和不断地感知，人类逐渐形成了诸如对比、统一、节奏、韵律、对称、意蕴等构成美感的因素。

人类对于环境空间功能上的需求相对容易得到满足，但满足空间心理需求和视觉美感上的追求却较为困难。这就要求设计者不断提高自身的修养和美感境界。对于环境中的人以及环境、空间、场所的理解，使我们在记录和描绘某一令人心动的环境景观时，就能理解其设计美的成因和可以入画的缘由，从而在具体刻画时，可以有意识地表现出景观设计的精彩之处，更有助于理解和学习所画对象的设计经验，并逐渐演化为自己的设计修养。

第二章

建筑环境景观表现技法与图例

我们所处的自然环境景观的产生与发展，是经过了漫长岁月的演变，通过自身内部的结构物质变化以及宇宙外力的影响所形成的。这种内外力的作用，不断改变着环境景观的形态。而不同的形态又形成了不同的景观。因此，大自然中各种不同的景观要素的组合，构成了丰富多样的具有美感的环境景观，如高山、河流、森林、草地等，以及不同季节的景观特征。面对真实的自然景物，人们可以体会到愉悦、兴奋、悲伤、恐惧等不同的心理感受。

自然界当中的共生与和谐是随着时间的流逝不断演化而来的，是客观存在的，但也存在着不和谐的因素。建筑环境景观也是一样。因此，设计师在设计一个新的环境景观时，不仅要注意保留和协调景观内在的共生要素，同时还要善于将不够和谐、美观的因素剔除或者加以改进，甚至可以主观加入某些设计要素来凸显自然环境特征，从而给人以美的视觉感受。我们在描绘自然环境景观和人造环境景观时，应自觉或不自觉地运用自己所学的艺术设计知识来剔除不美的因素，留下美好的感受，从而形成美丽的画面。

下面我们就从民居景观、广场街道景观、庭院景观、水景景观、滨水景观，以及亭子、廊架、桥、植物景观、雕塑小品、公共座椅、花坛小品和雪景这些常见的景观种类入手，以文字和图例相结合的方式，生动演示和讲解各种景观的表现技巧。

2.1　民居景观的画法

中国传统民居建筑的构造样式是木框架承重与外墙围合，采用就地取材、因地制宜的建筑思想，从而能够很好地展现出建筑的地域特征。其风格样式蕴含着丰富多样的文化历史信息和景观风貌，同时也传承着具有民族风格和地域特色的本土文化。

想要画好民居景观，必须了解中国传统民居的主要构造形式。我国的民居建筑构造大多为穿斗式和抬梁式。北方民居一般为抬梁式，而南方则采用横竖穿插的穿斗式构造。由此形成了中国传统民居飞檐翘角的大屋顶形态。但不同地域的屋顶上的装饰各有不同，如南方苏州地区的屋檐翘角是逐渐升高的；而到了岭南地区，屋角上的装饰则更具动感，生动活泼；而北方则相对稳重。

单论房子的造型，其实差别不是很大。然而不同地域房子的组合方式却是不断变化的。一般南方相对潮湿，民居围合的院子则重视通风和排水。而北方的民居组合，如四合院，则彰显门第的尊贵，表现为层层递进的深宅大院。陕北的窑洞则是冬暖夏凉的穴居建筑。而湘西、蜀中、黔贵地区的民居则多临水而建，沿水畔江边因地制宜地利用当地环境形成了街巷和村落，成为当地特有的民居景观。还有更特别的是福建的永定土楼，因其将成排的房子围合成环形，从而具有极强的保护功能，形成了当地特有的民居组合形态。除此之外，因我国幅员辽阔，还有很多因材因地而建的特色民居建筑，如傣族的竹楼、藏族的碉楼等，在此就不再列举了。

我们在具体绘画过程中，应首先对民居建筑的结构特征有一定的理解，然后再运用钢笔线条的粗细、疏密、黑白等艺术语言来进行画面的处理。

图例与解析：

图例 1-1 技法解析：在用单一粗细相同的线条表现时，首先应用线条勾勒出民居建筑的主体结构，在保证结构、透视均合理准确的前提下，根据画面需要主观性地去添加或取舍相关细节，用疏密变化所形成的黑白对比来表现画面的艺术效果，这就是再现表现和主观表现的区别。只有在作画过程中加入作者的主观感受，并运用各种表现手段，来呈现艺术效果，画面才会更加生动并具有艺术性。

图例 1–2 技法解析：快速的钢笔速写画法，具有很强的实用性。同时可以畅快地表达自己对所绘对象的直观性感受。在场景中适当添加人物，还可以烘托出现场环境生动的氛围感。大胆地加重画面相关部位的暗部、增加某些位置的线条密度，可以使画面有深浅、虚实和疏密等艺术对比的效果。

图例 1–3 技法解析：在描绘民居建筑时，除了尽量力求建筑结构、透视、比例等的相对准确外，对于屋檐、瓦片、木桩、墙面等细节的处理，应放在画面的整体中考量，而不应面面俱到。细节的处理，应该为黑白、疏密、主次等画面艺术效果服务。此画的线条密度由远及近渐次变化，形成了很强的空间感。

图例 1-4 技法解析：在写生时，提笔之前应先仔细观察，在头脑中布局好取景的构图和线条的大致黑白疏密分布后，再下笔运行。在绘画过程中，还要把仔细观察和画面调整贯穿始终。构图时切忌左右面积占比对称。屋檐的线条相对密集，从而和墙面、地面形成疏密对比。线条宜轻松自然。民居建筑局部的细节表现，应和画面形成整体，在透视比例力求准确的前提下，根据画面艺术效果的需要有所取舍地去表现细节。

图例 1-5 技法解析：面对繁杂无序的街景，下笔前必须进行仔细地观察，选择最佳视角来表现对象的特征。在快速速写时，要会过滤掉对画面无用的细节，抓住建筑街景的大的结构和透视关系。每画一处细节后，要整体观察画面，根据画面的疏密、黑白对比效果，有选择地添加相关细节，从而既能表现街景的空间关系，又能酣畅淋漓地用线条表现画面的艺术效果。

图例 1-6 技法解析：以线条为主的画法，应运用其密度的不同来体现景观的远近和大体的明暗关系。适当增加植物，以柔和画面，其线条应力求概括、柔软，从而和建筑及地面石块形成软硬对比。而地面的线条应有意识地进行概括性处理，其远近块面的大小根据透视安排一定的韵律节奏变化，以增加画面的空间感。最后增加相关暗部的线条密度，形成黑白对比，以使画面更生动。

图例 1-7 技法解析：在民居建筑速写中，除了力求画面构图的合理以及造型、比例、透视的准确外，最重要的是运用对比，即黑白对比、疏密对比来表现画面的主次、前后和虚实关系，从而创造出画面的秩序感和艺术感。大胆加重屋檐的暗部以及相关部位的暗部，以拉开画面的对比，形成视觉冲击力，避免画面的呆板平淡，使画面更具感染力。

图例 1-8 技法解析：为了突出画面的重点和主题，在刻画的过程中，应创造性地运用形式法则来调整画面的黑白、虚实和景物之间的互衬关系。此画以单线手法，民居结构的描绘相对简单，与周围植物形成疏密对比。近处植物的黑白、疏密对比相较于后面的民居更趋强烈，从而形成空间上的递进效果。四周的虚化处理又使整个画面灵动自然。

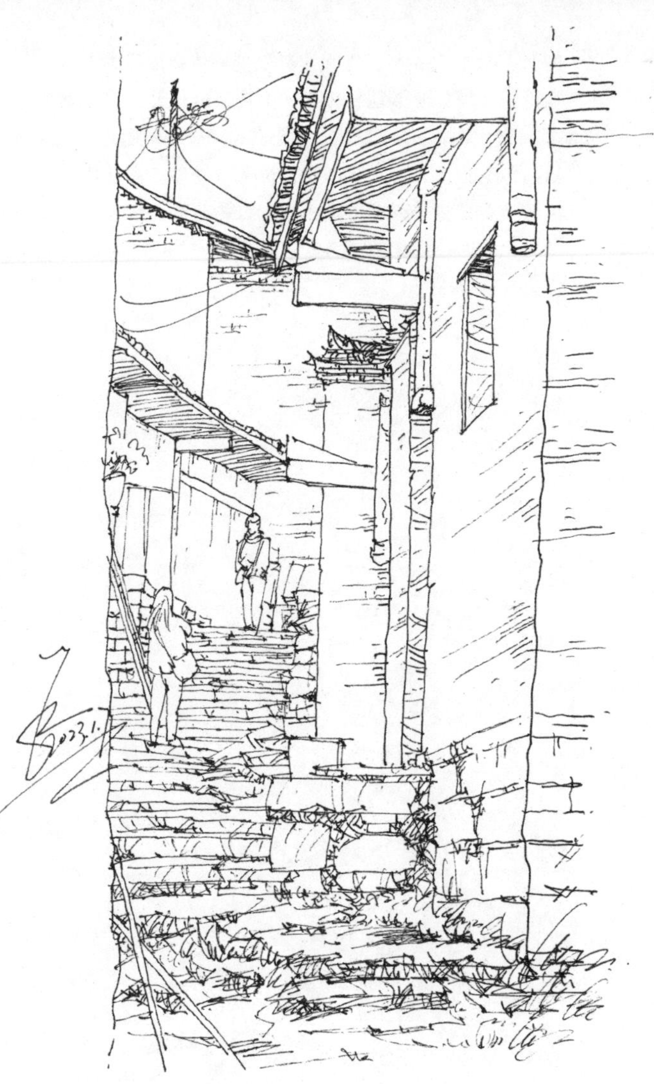

图例 1-9 技法解析：整个画面主要是依靠线条在画面中的合理布局和疏密对比来表现。尽量追求比例透视的准确，画面中的线条应力求硬朗、明确和流畅自然，描绘的景物应有所取舍，有虚有实。

图例 1-10 技法解析：以线条勾勒为主的速写，除了要整体考虑构图布局外，重点是利用线条的疏密在不同区域之间，根据画面艺术效果的需要，互相挤压衬托，以形成疏密对比。同时还要考虑视觉上的构图平衡。

图例 1–11 技法解析：此景观的选景角度可以加深空间的进深，在起形时应忽略细节，先画民居的框架结构在透视上的变化，大的透视准确后再添加细节就不会破坏空间感。画面中细节的处理，应根据画面的黑白、疏密对比的整体效果有选择性地刻画。如人物的添加，不仅在空间尺度上与建筑形成了对比，更增加了画面的生动感。

图例 1-12 技法解析：此景观在选景时，其视角带有一定的仰视。在处理透视时，要找到建筑关键的结构框架的透视关系。在细节处理上，要有所取舍。运用结构细节的线条疏密处理，巧妙地表达景观的体积转折关系，同时处理好整个画面的疏密黑白对比。

图例 1-13 技法解析：不同的景观，甚至不同时段和光线下的景观状态，均会使作画者产生不同的感受和情绪，从而产生不同的表现方式。此景观在取景时尽量选择有纵深感的角度。因其阳光感较强，在表现时就有了适当表现明暗的想法，同时增强画面的黑白对比，以增加光感的表现。表现明暗的线条，既要有刚性的排列组合，又要有疏密和虚实的渐变效果。整体线条要轻松自然。

图例 1-14 技法解析：在表现时，应首先以线条勾勒出民居建筑的主体结构轮廓线，同时合理安排好建筑的其他细节。对细节要学会概括和归纳，既要能表现出一定的明暗体积关系，又能变成表现疏密、黑白等艺术对比效果的工具。画面近处的疏密黑白对比强烈，而远处线条相对密集，从而增加了空间的纵深感。

图例 1-15 技法解析：作画者要善于整体观察。所有细部的表现均要从属于整体。同时还要练习和分析如何从繁杂的景观细节中挑选出或再创造出适合于画面表现的部分。此写生作品详细刻画了屋顶和植物，从而与空白的墙面产生了疏密对比。对屋檐阴影和地面上的局部阴影适当加重，以增加黑白对比。有意识地添加了电线杆和签名，从而达到画面构图上的视觉平衡。

图例 1–16 技法解析：钢笔线条虽然不像铅笔那样可以有浓淡虚实的变化，且无法修改，但可以通过线条的对比，也可以产生虚实效果。此画就是通过对画面下部植物和台阶的线条进行概括和断续处理，从而与建筑的刻画形成强烈的虚实和疏密对比。运用快速速写的方式，以不同粗细的线条画出了景观大致的结构和形态。对于细节可以适当忽略，主要从画面黑白关系的对比和平衡来建构画面。

图例 1-17 技法解析：此民居速写是以粗细不均的线条来展示画面的意境。刻画过程中，尽量忽略建筑的具体细节，而要抓住大的透视关系，用黑白、疏密和虚实来表现空间。为了平衡画面的黑白关系，可以适当增减和加重相关部位的细节。如画面左边的灯笼和窗户，实景中没有，最后是为了平衡右边的屋檐而添加上去的。整个画面的线条奔放自然。

图例 1-18 技法解析：此画虽然以快速速写和粗细不均的线条来展示画面，但其中也有主次、轻重、虚实之分。通过线条的疏密和浓淡对比，自然地把画面的视觉中心引向两边建筑的夹角处，从而使画面更富有空间感和活力。通过对两边建筑进行主观的虚化艺术处理，来凸显中间的构图中心。整体线条自然灵动并协调统一。

图例 1-19 技法解析：以线条为主的钢笔画中，不同粗细线条组合所产生的疏密、深浅变化构成了画面的艺术效果。此画面中的屋顶、植物、窗户、门洞、水面的相关部位，就是画面的线条密集和加重部位，与线条相对较疏的墙面和地面形成了对比。

图例 1–20 技法解析：此画以快速速写的方式，用浓重的宽窄粗细不均的线条来表现建筑沧桑的岁月痕迹。用相对写意的手法，表现出画面的大的黑白关系和空间的纵深感。

图例 1–21 技法解析：利用景物中的相关构件和细节，进行艺术化的黑白、疏密的对比处理。同时运用概括意象性的笔触对画面四周进行虚化处理，做到点到为止。从而可以留给观者思考、想象的空间，线条酣畅淋漓，黑白对比强烈。

图例 1–22 技法解析：此画以快速速写的方式描绘了一组围绕在水边的民居建筑群。画面中的线条狂放不羁，落笔自然流畅，乱中有序，黑白分布随心而动，以写意似的概括抽象的黑白线条，表现出水乡民居的特有印象。

临摹图例：

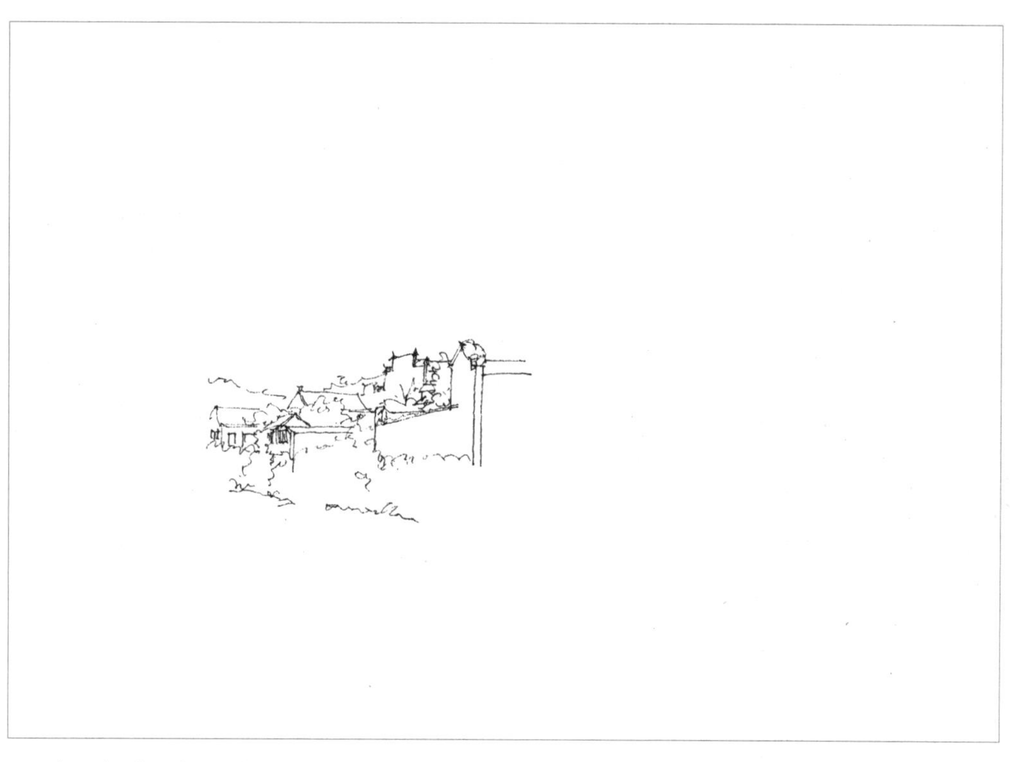

1. 画出远处景物的大致形状，以确定构图，远景宜概括。

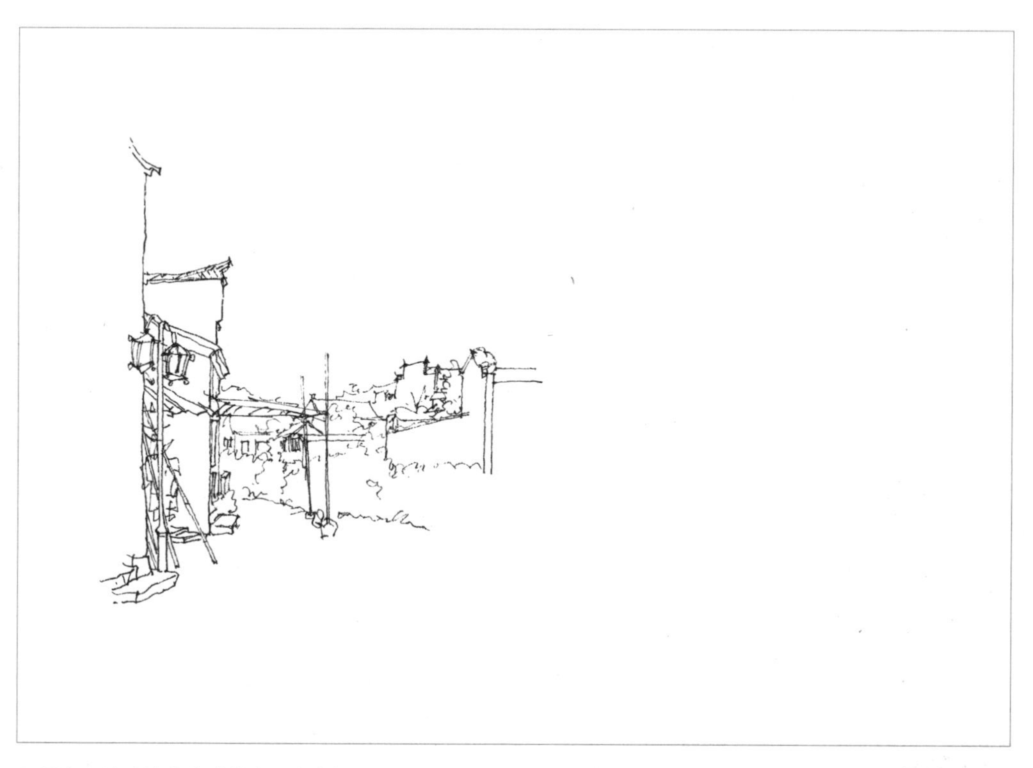

2. 画出左边建筑的大致轮廓。注意与远景之间的比例关系，同时通过细节的互相挤压来表现疏密对比。

3. 继续画出右边民居景观的形状及相关细节。

4. 画出近景处的桥和地面、台阶等细节，以使画面空间感更趋完整。

5. 画出水面的相关细节，注意水面波纹的疏密应结合桥的投影位置来处理。调整画面，加重加密相关局部，以增加对比效果和调节画面的构图平衡。

技法解析：此画取景的内容较多，空间层次也较为丰富。用线时远景景物形状宜概括，近处的细节力求相对写实准确且对比强烈一点。在作画过程中应善于加入主观的处理，根据画面构图和艺术效果的需要，主观加重或加密相关局部，以增强画面的艺术效果。

2.2 广场、街道景观的画法

城市中的广场一般面积较大，周围涉及各种不同性质的场所，且环境较为复杂。其尺度和形态大小是由所处的城市规划、交通设计以及空间关系决定的。现代广场设计与构成一般都是以人为中心展开的，重视人的行为需求和人的参与互动性，重视环境的美感带给人的视觉享受，以及广场给予人的依托与休憩的便利感。它将传统广场的功能进行了扩展，把吃、玩、娱乐、休闲、交流等人的行为融为一体，再加上自然性、文化性、趣味性等元素。在使用功能上，一般分为市政广场、文化性广场、纪念性广场、商业休闲娱乐广场、建筑前广场等。我们在绘制广场时，因场面宏大，要力求尺度比例上的相对准确，运用线条的疏密虚实处理，尽量表现出广场的空间感。在尺度准确的情况下，适当增加动态人物、汽车等配景，以增加画面的活力。

街道景观是城市景观的一部分，其特征是通过街道两旁的建筑景观的围合，以列植好的不同种类的植物景观为点缀，沿着街道向内外侧延伸。纵横交错的街道景观组合构成了现代城市的整体景观，它是城市交通的纽带和经济脉络，是一个城市形象的重要表现载体，体现着城市的繁荣程度和经济文化艺术的发展水平。许多具有个性化的街道景观，如上海的南京路、南京的梧桐树大道、南京宁海路的民国街区等，已成为当地城市风光的名片。我们在画街道景观时的难点在于透视角度的相对准确，对于细节应根据画面的整体效果有所取舍地刻画。

图例与解析：

图例2-1 技法解析：以快速速写来捕捉对街道当时整体的意向性感受。运用随心所欲的、粗细不均的线条，概括性地表现街道景观。强调的是整个画面的黑白对比感受，而细节的表现已经从属于整个画面的艺术性表达。

图例 2-2 技法解析：画面中的建筑形体虽然复杂，但应学会归纳，并注意透视。建筑内部结构中的形状细节，不必面面俱到。根据画面需要安排疏密关系，尤其结构细节的透视要和主体统一。广场上的人物在不同位置应有疏密变化，从而增加画面的动感。根据构图中的暗部面积来加重其他区域的暗部，以求画面的平衡。适当增加地面的砖线，以加强画面的透视纵深。

图例 2-3 技法解析：此画合理分布了天空、建筑和地面的面积比例。在绘画时，天空中云的曲线条和建筑的直线条形成了曲直对比，再加上不同区域的疏密、黑白对比，使得整个画面的空间感较强。

图例 2-4 技法解析：此画的重点，在于整体画面黑白关系分布均衡，用笔轻松随意。通过远近人物的描绘，增加广场画面的动感和空间感，以及不同区域黑白的分布加强了整个画面的黑白对比。

图例 2-5 技法解析：此街道景观在力求透视比例准确的基础上，运用了相对写意的手法来描绘植物。线条奔放、自然、流畅，黑白对比强烈。为了画面构图的均衡，加重了相关部位的黑白比重，从而使整个画面生动、空间感强。

图例 2-6 技法解析：此画以极快的速度，快速地表现出广场景观建筑和场景的感受。对于比例尺度和透视，只求大致的感觉。单纯追求画面的黑白艺术效果，以近乎写意的方式来表达广场景观的状态和感受。

图例 2-7 技法解析：此张快速速写，为了抓住广场景观场景中的动态事物，运笔非常快，随当时的心情运用了写意式的画法。快结束时，画面还较为凌乱。最后抛开真实景物，对画面进行主观处理，添加了某些线条，以使画面构图平衡，加重相关部位的暗部，使画面更趋整体统一。

图例 2-8 技法解析：以快速速写的方式，表现出建筑前的广场。看似凌乱的线条，却写意式地表达了画面中景物的大致体积和明暗，透露出绘画时的松弛和情感的宣泄。

图例 2-9 技法解析：此广场景观速写，虽耗时很短，线条也较为凌乱和随意，但通过线条的明暗、疏密对比，较好地表现出了宏大场面的空间层次感。

临摹图例：

1. 首先画出中心区的建筑，以确定画面构图。此时应考虑建筑体量在整个画面中的比例，线条概括，不必过多关注细节。

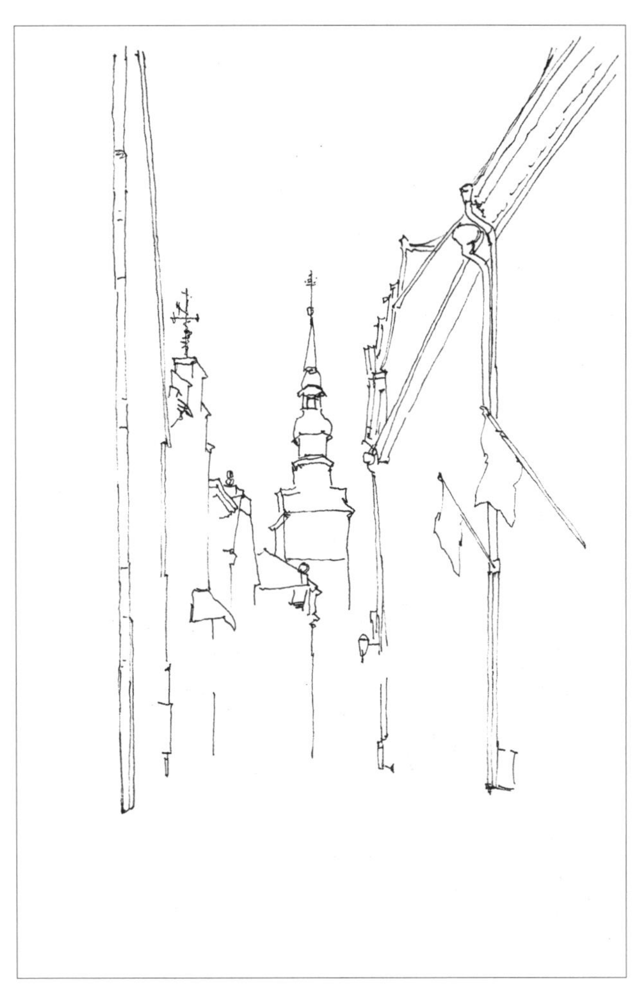

2. 根据中心区建筑的位置和体量，画出两边的建筑。注意先找出两边建筑的结构外形，不要关注墙面的细节。注意透视和体量应和中心建筑相比较，线条尽量流畅。

3. 画出路面线条，以使画面构图更趋完整，注意线条尽量符合透视要求。

4. 画出建筑的细节。注意透视应尽力准确，细节是相对的，应根据画面的整体效果安排细节的程度。

5. 加重暗部。根据画面整体效果，完善各部分细节，完成画面。

技法解析：此街道以中间的尖塔为视觉中心。运用地面砖线的导引和疏密变化来强化空间的纵深感。对左右两边的建筑门窗的暗部大胆加重，以形成远近位置不同的黑白对比。

2.3 庭院景观的画法

庭院景观的面积和空间感均小于广场景观。从风格设计手法上，主要归纳为两种类型：一种是规则式庭园，其形状通常是几何形。大多是以欧洲庭园为代表的，经过人工修剪加工过的带有图案化、规整化和抽象化的庭园景观。其特征就是大部分以中轴线为主，两侧以对称方式展开的几何型人工庭园，如法国的凡尔赛宫花园和法国的维康府邸等。另一种则是以中国传统园林庭园为代表的自然式庭园，追求的是自然风格，强调自然与建筑的互相融合，巧妙地将中国传统建筑中的亭、台、楼阁、长廊等建筑景观融合在树林、泉池、山水等自然景观中，从而与自然形成了“天人合一”的和谐统一的格调。如苏州的私家园林和北京故宫的皇家园林等。

随着现代社会的科技进步与东西方思想的相互融合，现代庭院大都是在传统的基础上进行了大胆的创新，创造出了许多新的景观设计语言。在表现形式上，除了吸收了西方的现代构成艺术形式外，还继承和创新了中国传统造园中的叠山理水、借景、缩景、框景、障景、曲折、藏露、疏密等设计思想，从而使现代庭园景观具有了优雅、清静、优美、飘逸、超脱等新的带有诗情画意的境界。

在描绘庭院景观时，大都是建筑和庭院中的景观相结合。除了讲究构图和其他艺术效果的表达外，还要在人造建筑物和自然景观的线条表现上要有意识地区别。

图例与解析：

图例 3-1 技法解析：此幅图为典型的中式古典风格的庭院空间表现。在构图上，以中式建筑作为画面的表现中心，取景时可根据画面需要对于周边的景物作概括性的处理。表现手法上，运用线条的疏密和明暗轻重对比变化来表现景物形状以及各景物之间的空间关系。在近处运用概括的线条，并适当加重、加粗线条，以凸显前后关系。画面中的静态水面表现时应有实有虚地表现倒影，以体现水面的质感。

图例 3-2 技法解析：此为现代建筑的小庭院景观，在构图取景时，为了使画面有对比且生动，可适当添加绿色植物。以此和刚劲的现代材料建筑形成刚柔对比。在具体表现时运用粗细不均的线条来刻画景物，线条轻松自然。为了增加画面的进深感，近处的植物刻画相对较详细，对比也较强烈，远处的植物则相对概括，对比也弱化。

图例 3-3 技法解析：此小庭院景观采用了快速速写的形式，线条粗细相间，活泼生动，对比强烈。在表现时不必过多关注明暗体积关系，而是运用黑白对比来强化景物的结构关系，最终平衡好整个画面的黑白关系。

图例 3-4 技法解析：此画为带有喷泉的小庭院景观。此幅图的技法在于表现不同质感的景物时，线条的表现方法是不一样的。表现喷泉时应显示线条的急促感，树木、草丛应有断续和柔化的感觉，荷花的线条则应显示出弹性，墙面和地面的线条则干脆刚直，从而使画面既协调又对比。

图例 3-5 技法解析：此画为带有草坪的花园洋房小庭院。通过加重暗部阴影以体现强烈的黑白对比，从而表现出景物的阳光感。通过画面的疏密安排，很好地表现出整体画面的空间感。

图例 3-6 技法解析：此为带有草坪的别墅庭院景观。在构图时需重点规划好草坪在画面中的面积占比，因为草坪在整个画面中属于空的一方，它将与其他景物的实景刻画形成对比，从而决定整个画面的效果。画草坪纹理时，需先定出大致的平行线再画，这样草坪就不会显得杂乱无章，并能增强透视感。

图例 3-7 技法解析：此庭院建筑院落里的花草线条，刻画时应尽量区分出不同种类的叶形。而建筑墙面的刻画应讲究疏密布局来表现建筑结构与肌理，从而形成整体画面的节奏和对比。敢于加重花草的暗部与阴影，增加立体空间感。而建筑相关细节的暗部和明暗，应根据整体画面的黑白布局关系，有选择地进行加重和刻画。整体画面较为生动，空间感强，对比强烈。

临摹图例：

1. 确定画面中心景物的位置和大小，并画出大致轮廓。以此景物为参照，确定画面的构图和未来空间物体的参照。线条处理时植物的轮廓线条应和其他物体有所区别。

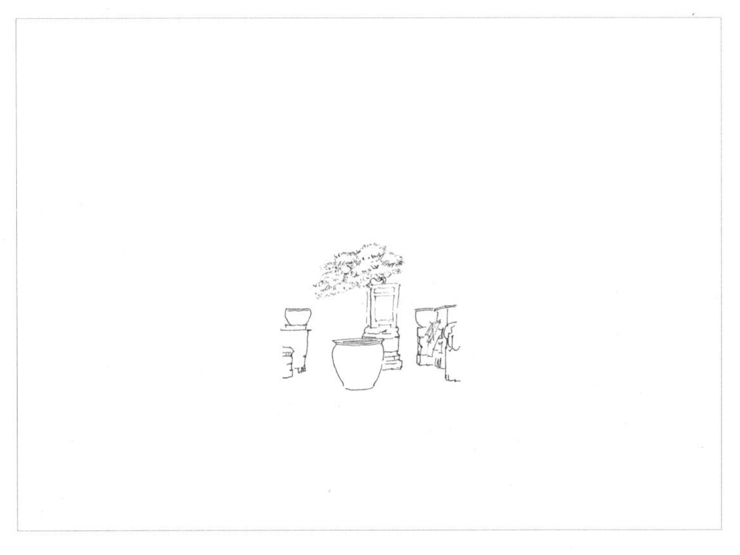

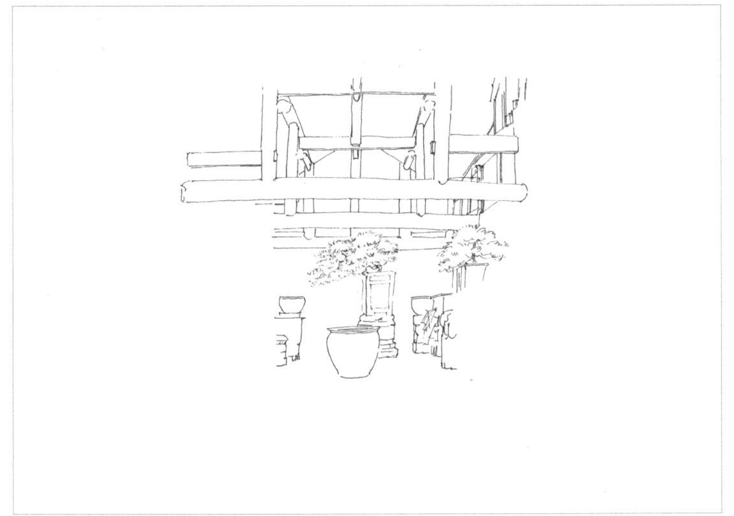

2. 以所画景物为参照，画出上部空间的相关构件，注意空间比例和透视要尽量准确，线条要尽量完整流畅。

3. 继续画出左右两边的相关构件和其他物品的轮廓外形。选取的景物应根据画面需要加以添加，以求画面的构图平衡，不同物体的线条表达要有所区别。

4. 画出顶面、墙面和地面的质感、肌理，线条应根据画面效果有疏密变化。地砖的分隔线应尽量做到透视的相对准确。

5. 深化各部分的相关细节，画出大致的明暗体积关系，通过各部分的疏密关系的不同表达和明暗体积的深入程度来表现空间关系。

6. 继续深度刻画明暗体积，加重暗部，以增强画面的明暗对比，调整整体关系，完成画面。

技法解析：此图为中式内部庭院空间的表现。通过对景物的仔细观察，选取了进深感较强的角度。可以突出构图上的画面趣味中心。通过对周围各种物品表现的深入程度来达到画面的均衡。在表现手法上，采用轮廓线条加明暗结合的方式来表现。用线条勾勒出外形后，再采用明暗法来表现晚间人工光源下的空间氛围。在画面处理时，对于前景和两边的物体可根据画面效果做适当概括处理，同时在细节上应有所取舍，这样便可把画面的焦点和趣味中心自然引入到中间部分。对于具体构件的体积表达不必过于接近真实场景，可以通过自己的理解进行概括处理。为了增强画面的黑白对比，可以虚化四周物件形态，但明暗关系的虚化不可以影响形体的准确表达。

2.4 水景景观的画法

水是生命之源，也是所有生态景观之本。水既是城市人类生活的必需品，也是整个城市生态景观中的重要组成元素。水景在城市景观中不仅可以调节气候、净化空气和改善并保护生态环境，而且还可以扩大城市空间、减少噪声污染，并增强整个城市的美观。

由于水的最大特点是柔软且具有可变性，在设计时可以和生硬的建筑景观形成强烈对比，并软化人工的建筑物。尤其是在当今工业化的城市建设中，大量利用水景来柔化城市的人工环境，并丰富建筑环境景观。在建筑环境景观设计中，一般把水景的形态分为人工形态和自然形态两种。对城市中人工形态的水应倍加珍惜，并充分利用由自然地形所形成的水域，尽量去除人工雕饰的痕迹，力求和自然环境紧密地结合。而人工形态的水景，则是人为创造的景观形态。如具有观赏性的人工湖和人造水池，不仅可以丰富景观的空间层次，也可以成为独立的景观。而现代科技的运用，可以使各种造型的人工喷泉通过电脑设计，与音乐、灯光、雕塑等景观相结合，创造出各种令人惊艳的景观形态。

在描绘水景的过程中，要学会水面的两种表现方法，即动态水面和静态水面的画法。静态水面的用笔线条多采用平行排列的直线、小的曲线和波纹线，同时线条表现不宜太满太实，可适当局部留白，以体现出水面反光的特性。而动态水面的形态起伏变化较大，水中的倒影相较于静态水面也不完整规则，线条笔法上多采用起伏较大的波浪线、鱼纹线等带有动感的线条。线条的运笔方向也要与水流的运动方向相一致。

图例与解析：

图例 4-1 技法解析：此水景的水流形态非常丰富，有急促的瀑布和跌水，也有动态丰富的流水。在画树林时，树叶的分布走向应有意识地分组描绘，并感知树叶的形状，意向性地用笔描绘不同区域的树叶形态，从而会使画面中树林的线条更加有趣且有变化。对于水景的表现，应概括水的动态特征，采用不同的线条来表达。如有落差的水流，应用急促的线条表示，对于河流中的动态水流，应根据其动态特征用波浪线来刻画，同时还要注意水流的透视方向。此画是以明暗的画法来表现水景的，在表现明暗时不要过于拘谨，应整体观察和比较画面来刻画。

图例 4-2 技法解析：此画面为两点透视的构图。除了在形上注意透视的准确，在线条处理上可有意识地强化透视。如画中的植物轮廓，近处清楚肯定，中远处渐次模糊概括。此画的水景分为静水和动水。处理净水区域的线条可用较为平缓的抖线，通过疏密变化来表现静态水面的倒影和水面的黑白变化，而动态区域因涌泉的关系可用大小不一的波浪线组合，并施以不同变化的明暗来处理动态水面。

图例 4-3 技法解析：此水景为现代建筑材料下的水体表现。在表现时，水的线条应柔软、断续，有缓急之分，以凸显水的灵动和不确定性。而其他景物的线条相对肯定直接。在画面明暗关系的处理上，大胆加重植物的暗部和石板下的暗部，以凸显画面的明暗对比。在形的处理上，因水流的形是虚实相间的，为了强化水的形态，对于植物以及画面四周的景物形态，有意识地强化形的虚化处理，以呼应水的灵动。

图例 4-4 技法解析：此水景为跌水景观。在具体刻画时，上部的水的用笔线条应采用抖线的形式，以表现水流较缓；而下部落水的线条，则偏直线，下笔宜干脆利落，以显示水流的急促。对于跌入水中后的水面动态，则采用较为活泼的大波浪线条，以增加水面的动感。而树的体积明暗关系与水景相比，处理得较为轻松概括，只要交代出前后关系即可，以使焦点集中在水的景观上。

图例 4-5 技法解析：此画面中的景观形态较为丰富。在线条运用上，应根据不同性质和特性的景物采用不同的运笔方式。如植物的线条应概括、柔美，从而和岩石的干脆、局促形成对比。在画成片树林时，应有意识地分成群组来画其明暗体积关系，树干应若隐若现，以使画面更显生动自然。

临摹图例：

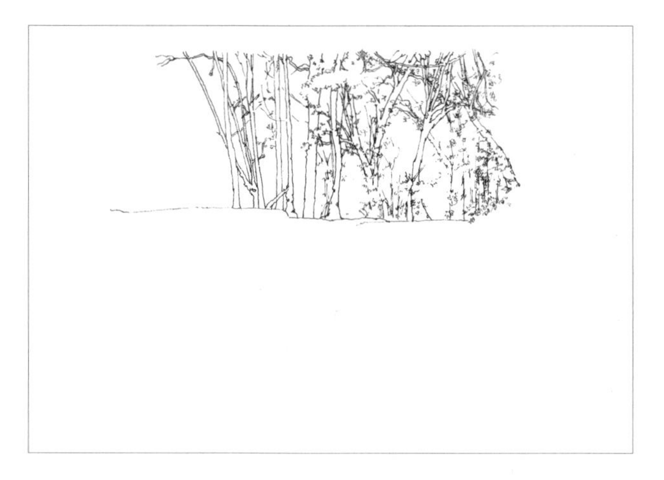

1. 首先画出树林与下部跌水瀑布的大致分界线，并画出中间的树干和树叶群组的大致轮廓。注意树叶对树干的遮挡关系，线条亦流畅自然。

2. 继续画出其他部位的树木及枝条的大致轮廓。画树干和主要枝条时，抓住主要枝干的走向与趋势，不必面面俱到。对于树叶的画法可以有虚有实，近处的可适当具象一点，远处的树叶外形可概括和模糊一点。

3. 画瀑布和跌水。湍急和缓慢的水流形态，用笔上应有急促和抖动的区别。对于复杂的流水形态，应做好归纳分组处理。

4. 通过不同明暗关系刻画瀑布和跌水。用笔亦轻松，有轻有重，通过黑白变化和不同疏密的线条分布来描绘水的不同形态。

5. 继续深化树林的明暗关系，在表现树叶时，应分组表现，树干与树叶之间的明暗应整体观察，互相挤压两者之间的明暗关系。

6. 最后完成水面的明暗表达，并观察调整画面的整体关系，完成作品。

技法解析：此景观为树林中的水景，其难点在于树林的表现和水景跌水的动态表达。在表现树林中的树干时，既要考虑树叶对局部树干的遮挡，还要考虑树干动势的完整性。在表现繁杂浓密的树叶时要根据整体画面效果大胆分组去表现。对于树叶的形状，可根据远近有虚有实地刻画树叶。在表现水流时，可用不同的急促线条和抖线来分别刻画湍急和缓慢的流水形态。对于复杂的流水形态，可作归纳概括性的处理。

2.5 滨水景观的画法

滨水景观泛指城市中与湖、海、江、河等水域接壤的兼具使用功能和观赏性于一体的城市边缘地带的景观。城市滨水区一般都会成为所在城市的具有标志性和门户性特征的景观地段。不同地域的滨水城市也有着不同的滨水特征。如紧邻大海的青岛、大连、厦门等城市，就与临江河的上海、南京、武汉等城市有着不同的地域气质特征。

城市中的滨水区域往往是城市公共开放空间的重要组成部分，是城市中兼具自然地貌景观和人工建设景观的公共开放空间区域。设计营造城市的滨水景观就是充分利用已有的自然景观资源，与人工建设的建筑景观有机结合，使城市中的人可以亲近自然、享受自然。人类对水具有天然的亲和力，水的流动平滑和坚硬的人工建筑物形成了鲜明的对比，柔化了人造建筑物的冷硬感，在生态上，使人与环境达到了一种平衡与和谐的共存与发展。滨水景观区不仅可以为城市提供各种社会活动空间，提高城市的可居住性，而且对于城市的整体形态感知更是具有重大意义。一个好的城市滨水景观规划设计，必然是艺术品位、美学鉴赏、生态效应以及社会效应等各方面的有效综合。

滨水景观往往场面宏大，要想画出大场面的空间感，在构图时，就应规划好近景水面、中景建筑等相关景观以及远景天空的面积比。而不同区域的画法也有所不同，中景建筑部分重点刻画，构图中心的景物相较两边要对比强烈且详细一点，其他部位则概括且对比弱一点；而近景的水面波纹则有疏有密，并写意地表达出水感和倒影即可；而远景天空中的云则更概括和飘逸。重点是各部位景物的比例关系，应力求准确和到位。这样就可以刻画一个相对完美的滨水景观空间。

图例与解析:

图例 5-1 技法解析：此画的构图布局，很好地安排了水面近景、建筑中景和天空之间的面积比例，使得画面的空间感很强。线条感觉有虚有实、松紧有度。两边的景物线条有意识地松弛、虚化，而中间景物则对比较强，形成视觉中心。水面波纹通过不同区域的疏密布局，写意式地描绘出水面的倒影和波光粼粼的感觉。整体画面的线条和谐自然、浑然一体。

图例 5-2 技法解析：此滨水景观以船为中心，其亮点在于船的桅杆和船身之间的线条表达。具体手法采用了粗细不同的线条表达方式，运用疏密和黑白对比，烘托出画面的静谧氛围。在处理线条时，不要被繁杂的船身表面细节所困扰，概括处理船的形状。根据画面的构图需要来处理线条的疏密变化和黑白对比关系。

图例 5-3 技法解析：采用线描速写的方法来描绘景观。此画的关键在于构图上各个景物的占比关系。运用概括的线条勾勒，通过各部分线条的疏密、黑白、粗细对比来表现画面的整体关系。对于近景中的荷花和水面波纹，用笔要自然流畅。

图例 5-4 技法解析：此滨水景观场面较为宏大，建筑也较多，在构图时应分配好天空、建筑群和水面三者之间的面积比。在画建筑场景时，应抓住不同建筑之间大的高低错落关系变化，不要被建筑的表面细节所牵挂，应根据画面需要进行取舍。水面倒影是画面表现的难点，也是精彩之处，线条表达既要轻松自然、虚实有致，同时还要注意倒影位置的准确。

图例 5-5 技法解析：此滨水景观场景较大，内容较多。采用快速速写的线描描绘方式。通过不同区域线条疏密和黑白对比的表达来展现画面的黑白关系。尤其是景物的细节描绘，有的地方可以密集详细一点，有的地方可以概括留白，从而通过细节的艺术处理达到画面的对比关系。细节描绘的多少完全是为画面的疏密和黑白关系服务的。

图例 5-6 技法解析：此滨水景观以高喷泉为视觉中心。在刻画时应重点关注空间景物的比例关系和大致透视方向。此图以单一线条表达为主，主要通过线条疏密变化来表达各景物之间的远近距离。线条宜轻松自然，尤其是高喷泉的线条，应根据其动势走向特征来运笔，下部线条偏实并有局促感，越往上越虚化且断续，但形虚气不断。

图例 5-7 技法解析：此滨水景观采用线面结合的手法。按照光源的方向，对建筑景观采用了结构明暗分区的快速速写手法。主观加重某些区域屋顶的深度，以加强明暗对比；而远处屋顶则以线为主，以体现深远虚实感。再适当配以水面波纹及倒影，更加深了整个画面的空间层次。

临摹图例：

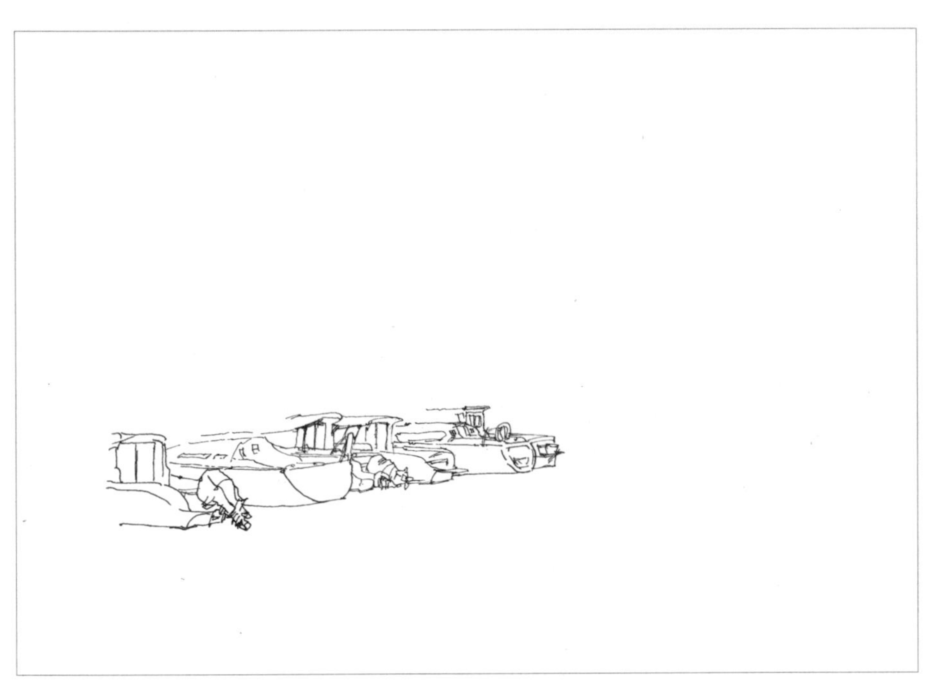

1. 根据构图安排确定位置。先用简洁概括的线条画出左半部船体的大致形状，画时要注意远近的透视关系。

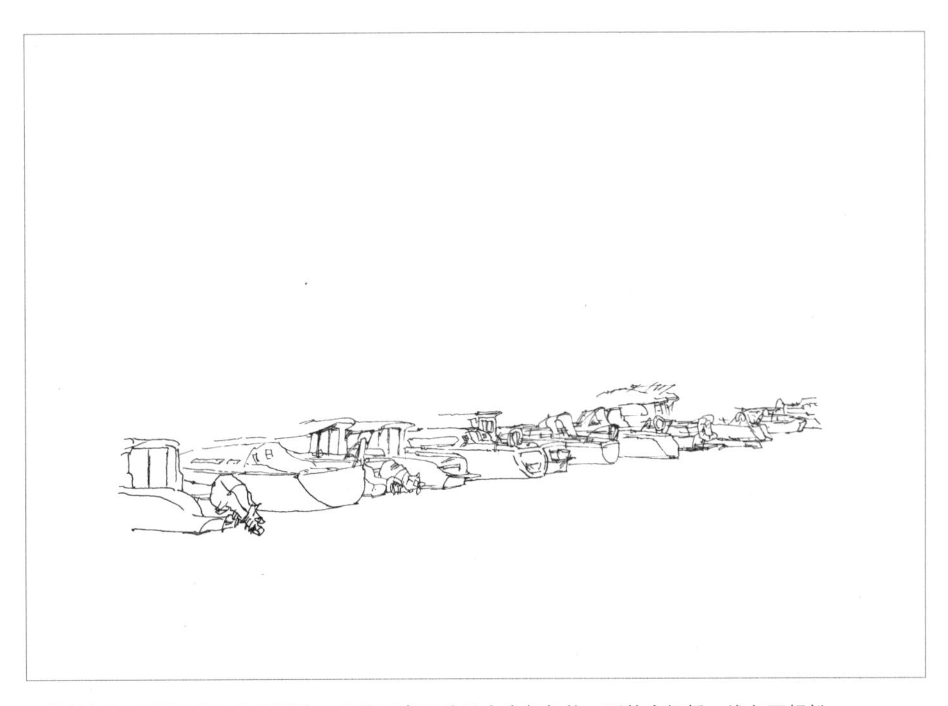

2. 接着根据透视近大远小的规律，继续画出远处的右半部船体，形体宜概括，线条要轻松。

3. 根据船身的位置和结构画出桅杆。注意船杆的密度应有意识地区分，同时注意远近的高低透视。

4. 画出远处山的位置和近处水中的倒影的大致位置，以加强透视的纵深感。

5. 增加暗部的处理，以加强画面黑白对比，从而使画面更加灵动活泼，线条有粗细变化，轻松自然。

技法解析：此滨水景观以密集的船只为主。其看点就在于桅杆的错落有致。画时应注意透视上的高低变化，以及船体的透视远近关系，同时应根据整体画面的黑白关系，疏密有致地刻画船只的细节。

2.6 亭子、廊架景观的画法

亭子、廊架在外环境景观设计中往往具有造景的作用。亭子作为中式的传统建筑，大多出现在佛寺、庙宇、园林公园内，供人休息、纳凉、避雨用，同时也是用来美化环境的景观小品。亭子的材料大多以石材、木材、竹材为主；到了近代，则以钢筋混凝土为主；在近现代，为了使亭子具有更为时尚的现代科技感，甚至引进了金属、玻璃、有机材料等来建造。亭子不仅具有观赏和休闲的作用，有时还有保护文物以及作为某种纪念之用。其风格也是多种多样，一般常见的风格有中式、日式、东南亚式、欧式以及现代式风格。

廊架景观在视觉上不仅可以烘托主体景观，更重要的是可以在外环境空间中，组织游人的交通流线，引导观赏的行为。园林景观的境界营造，是通过各种有形的建筑和自然景物的组合造景形成序列传达给观赏者的，而廊架则可以通过设计者的布局来引导观赏者，按照设计者的观赏程序，逐次展开，不断加深和感受园林景观空间的魅力，丰富景观空间的层次。廊架的外形各异，材质也是丰富多样。其自身构造往往与绿化植被相组合，再配以座椅、花格、美人靠等装饰，相得益彰，形成美妙的景观空间。

亭子、廊架作为人造物景观，往往是环境景观设计中的节点，既要和周边的自然环境相融合，又要有独特的风格和地域文化特色。我们在描绘此类景物时，在线条处理上要有意识地进行区别对待。如画人造的亭子和廊架时，线条处理应理性，力求比例、透视的准确，而其周围的自然景物则相对自然、随意，从而形成视觉上的对比。

图例与解析：

图例 6-1 技法解析：此廊架景观在线条处理上有所区别。对于廊架及投影的明暗线条相对偏直偏硬，而攀附在其上的植物线条，却随意自然，以曲线为主，从而形成材质上的对比。整体黑白关系对比强烈，线条处理生动自然。

图例 6-2 技法解析：此画的焦点是亭子，构图时就进行了有意识地遮掩。具体刻画时，亭子的明暗细节相对树木更加详细，而植物的线条相对概括抽象，不同位置的植物的线条处理也有所不同，进而增加了画面的空间感。

图例 6-3 技法解析：此画以极其狂放自然且粗细不同的线条，用速写的方式来表现亭子以及周围的自然环境。刻画时，对植物的描绘相对概括，其明暗、疏密的变化都应围绕衬托亭子这个主体展开。

图例 6-4 技法解析：此画面中的树木和廊架间距以及灌木丛的透视准确。在表现树叶时，不同部位的树叶密度和黑白对比，可以很好地反映出画面的光线效果和透视进深效果。线条狂放不羁、轻松自然，局部看线条龙飞凤舞，远看却层次分明，空间透视感很强。

图例 6-5 技法解析：此亭子景观的植物线条表现自然灵动，用意象性的不同粗细的笔触来表现不同的植物，很好地衬托出热带地区亭子景观的画面氛围，空间感强。

图例 6-6 技法解析：此景观为水中的亭子。在表现时应注意水面的形态呈现的是静态水面，其水面的波纹相对平缓，倒影的显现既有镜面的对比强烈，又有弱化的模糊特征。树木的表现应注意透视的变化，从而加深空间纵深感。

图例 6-7 技法解析：此亭子景观以快速速写的方式，线条概括、抽象性地运用黑白疏密对比关系来互相挤压出对方的形体，场景氛围丰富灵动。

图例 6-8 技法解析：此画的难度在于背光下廊架植物的光影明暗表现。在线条处理上应轻松自然。运用线条的疏密变化、粗细转换对比来表现景观的纵深效果和光影明暗效果。根据廊架植物的特征，意象性地用抖线来表现相关植物。虽然从局部入手，且用笔线条不断变化，但心中始终应该有整体大局观。在不同区域的线条密度和黑白对比度应有变化，从而能更好地表现出空间透视和光影变化。

图例 6-9 技法解析：亭子与植物的线条处理明显不同，亭子理性、层次分明，而植物的线条有意处理成抽象概括且随性自然，形成视觉上的对比，增强了画面的层次感和灵动性。

图例 6-10 技法解析：此画主要以线描的方式画出了中心广场上的亭子景观，线条自然流畅，空间场景透视感强。

图例 6-11 技法解析：由藤蔓植物缠绕的廊架，其表达的难度在于既要表现出廊架的纵深感，还要做到掩映在植物中的廊架的透视准确。在表现纵深感时，可以使近景的树叶更具写实，黑白对比也更趋强烈，而远处的植物对比相对减弱，形状也更概括和抽象。

图例 6-12 技法解析：此景观为现代材料制作的异形廊架，其难度在于不规则形的透视表达要感觉准确并合理。画时可根据选景后的构图位置尽量一气呵成，画出带有曲线的异形廊架的外形。对于复杂异形廊架的线条处理不必过于写实。近处的结构尽量交代清楚，远处的可以模糊处理。

图例 6-13 技法解析：此廊架景观为大跨度弧形结构．在表现时线条表达要尽量表现出弧形的张力，同时在细节上要注意透视的准确。在表现明暗时，廊架部分的线条可用偏理性的直线，与植物的表现方式形成对比，从而使画面更具灵动。

临摹图例：

1. 首先确定亭子的位置，并画出外形和相关细节，线条宜流畅准确。

2. 画出远景部分树木和房屋景观，用线条概括性地分出层次。

3. 画出中景处的栅栏，并适当画出地面投影，以增加画面透视纵深感。

4. 画出亭子后面部分的大体明暗，线条需粗细结合、轻松自然并概括性地处理明暗关系。

5. 画出亭子的明暗和投影，以及前方草地大的明暗前后关系。最后调整整体黑白关系，完成画面。

技法解析：此亭子景观的线条表现看似狂放不羁、轻松自然。这首先得益于起稿后上明暗之前就把各远、中、近层次的景物先画准了，然后再放开手脚大胆用笔。在明暗表现上，前面亭子部分的相关细节线条刻画较为仔细且对比强烈，与后面景物相对抽象、概括且随意的线条明暗处理形成反差，进而加强了前后纵深感。

2.7　桥景观的画法

桥梁景观往往是一个城市带有视觉识别性的标志性建筑景观，其外观造型一般会结合其所处周边的人工和自然环境，并和当地的民族风情和地域特色相融合。它不仅具有城市的交通连接功能，同时还具有与其他建筑景观和自然景观和谐相融的观赏性功能，甚至还带有体现当地自然、人文和历史内涵的象征性功能，如象征滨海城市的青岛贝壳桥。

桥梁景观从桥梁的结构体系可以分为梁式桥、拱桥、钢架桥、悬索桥、斜拉桥等。按用途还可以分为铁路桥、公路桥、人行桥等。我们在刻画桥景观时，一般都会把桥的景观与周围的建筑以及自然景观一起刻画，除了在构图取景上规划好桥景观的位置和比例外，同时在线条处理上，应运用线条的曲直、粗细等技法来刻画桥景观的结构和材料，从而和周围的自然景观有所区别。尤其是带有水体的桥景观，水面的倒影和波纹应自然地和整个画面融为一体。

图例与解析:

图例 7–1 技法解析：此画近、中、远景层次分明，运用透视关系，自然地把画面焦点引入桥身。桥和船身的线条尽量完整且有张力，与植物的线条有所区分。明暗处理时，采用粗细交织的线条方式，大胆夸张地表现大的明暗和结构关系。整个画面随着狂放、自然线条的飞舞，显得生动活泼和动感十足。

图例 7-2 技法解析：此桥景在构图时取横向构图。把画面内容尽量压缩在中间，并虚化左右和下方景物的刻画，从而使画面空间层次感更强。以快速速写的形式处理，运用疏密有致、黑白相间的方式，刻画黑白关系，画面更显灵动丰富。

图例 7-3 技法解析：木桥作为画面的趣味中心，构图取景的角度强化了纵深透视感。在表现时，主次分明，木桥刻画得相对明确、细致、严谨，而其他部位的景观则相对概括、简洁，强化了主次对比。作为背景的花草植物的线条用笔抽象概括，只是意象性地表现出大的黑白关系，和桥体形象形成强烈的视觉对比，从而使得整体画面更加生动活泼。

图例 7-4 技法解析：此画中的古石桥均为自然石材构成，在表现时可运用不同密度和质感的线条来表达桥身石材和其他部位石材的质感。桥身的石材表现应增加密度和顿挫感，以表现年代久远下的风蚀感，而其他部位的石材则相对圆润。在明暗表现时，应布局好整个画面的明暗对比关系，有选择地刻画不同部位的明暗。

图例 7-5 技法解析：此景观为连接建筑的桥景观，有房、有水、有桥，甚为生动。在构图上取一点透视，使得画面的中心聚焦于桥上。在具体刻画时，建筑的形态宜概括，细节应有取舍。桥的线条有意识地相对密集一点，从而和建筑的线条形成疏密对比。

图例 7-6 技法解析：此画中的场景内容非常丰富，其难点在于尺度和透视的准确把握。对于所绘内容，要根据画面疏密度对比和构图的需要，有所取舍地描绘其细节。在刻画暗部线条时，仅仅就是为了增加整个画面的黑白对比效果去考虑，不必关注具体细节和面面俱到，应概括性地处理。

图例 7-7 技法解析：构图时就层次分明地布局了前景地面、水中倒影、中景的桥与石块以及作为背景的远景树丛，画面层次丰富，空间感颇强。线条技法上采用粗细不均且大胆活泼的线条，通过意向性地感知背景树木的明暗和疏密层次的变化，概括性地表现树木的明暗光影变化。而前景的桥和石块相对表现得更趋写实，从而形成手法上的对比。

图例 7-8 技法解析：构图取景空间感强，可以很好地表现出场景的氛围，更能突出主体桥的特征。在表现手法上，先画各部分景观的大结构，而各部位细节则根据画面的疏密度的总体需要有选择性地画出。在画面处理上，大面积的水面与其他部位形成强烈的疏密对比。水面上物体的比例、透视大小的准确，直接加强了整个画面的空间纵深感。大胆地加重相关暗部，增强了画面的明暗对比，从而使画面更趋活泼灵动。

图例 7-9 技法解析：此画的透视感、进深感很强。由近处的桥面逐渐向远处蜿蜒展开。表现时运用各部位的线条疏密来衬托桥体的主体形象。在表现明暗时，综合运用线条的疏密、粗细等形式变化来表现画面的明暗关系。线条轻松自然，同时四周的虚化处理又增加了画面的虚实对比，从而增强了画面的空间纵深感。

图例 7-10 技法解析：此画面的场景较为宏大。在构图上选择了最有气势的视角，再配以远近处的各种景观，大大增强了画面的纵深空间感。在具体表现时，一定要处理好各处景观的透视和比例关系，以免画面失真。在线条处理上，对于桥的形态尽量用一气呵成的贯通线条，以凸显桥的主体特征，其他部位的景观线条尽量概括，疏密有致，一切以表现画面的空间效果为目的。最终，各部位的细节描写要统观全局的疏密和黑白关系有选择性地刻画。

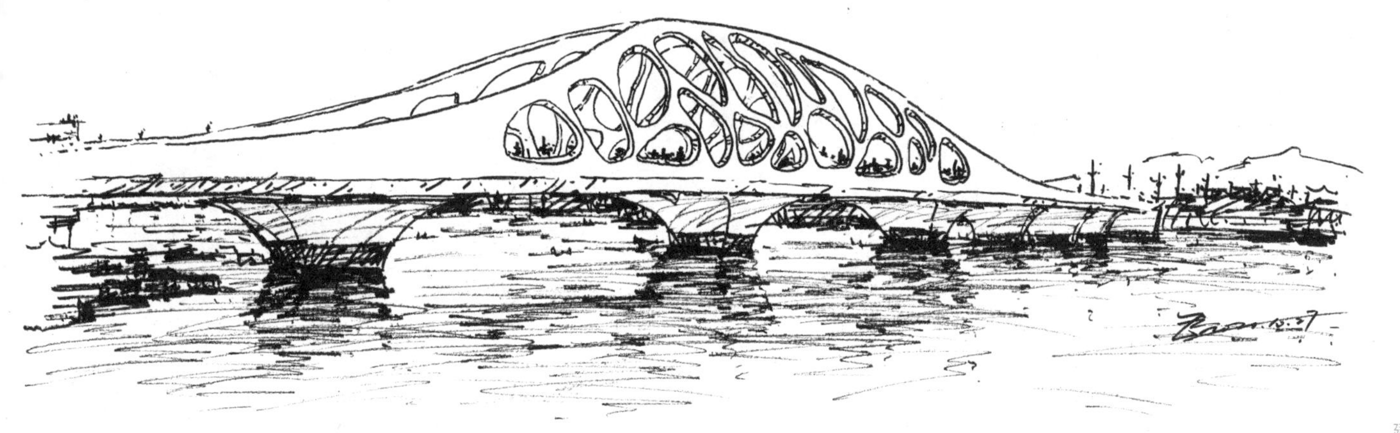

图例 7-11 技法解析：此画取横向构图，并把所画内容尽量压缩至中部，以更好展现桥的横向跨度。在表现桥的外形时，尽量使线条贯通一气。而在桥两端的线条可适当处理成断续状，以体现虚实感，从而增加透视纵深感。但线条画得虚，形不能虚，气要贯通。其他部位的结构以及景观细节，可采用粗细不同的线条增加黑白对比，使画面更加生动。

图例 7-12 技法解析：此画取景时以石桥为主体，其细节描绘相对较为详细。而远景的民居表现则较为概括，只表现出大致轮廓。右边的民居建筑，黑白和疏密对比较为强烈，从而在构图上与占比面积较大的石桥形成视觉上的平衡。右下角近景处床单的线条处理比较概括、飘逸，其空白又与画面左上方的天空形成呼应，进而使画面既显生动，又达到构图上的平衡。

图例与解析：

1. 首先确定构图，画出主体中间景物的位置及大致轮廓。不同地方的线条应有所区分，同时还要注意各景物之间的比例关系。

2. 接着画出近景的植物。线条要概括、自然，树枝的线条应挺拔、干脆。

3. 画出远景的山和桥身上的局部细节。注意疏密有致，不要画满。

4. 画出水中倒影的位置和少许水面波纹。水面波纹的线条应自然、轻松，以柔美的曲线为主。

5. 最后，运用自由奔放、宽窄不一的线条，加重暗部，并画出整个画面的大体明暗关系，以增加黑白对比，使画面更加生动。重点刻画桥和水面倒影，其他部位可以概括一点。

技法解析：此画取横向构图，更能展现石桥跨河的美感。再加上近景、中景、远景的布局安排，使得画面空间层次更加丰富。在线条的技法处理上，不同位置的线条画法均有所不同，如树枝的线条挺拔干脆，植物则概括有断续感。而水面波纹轻松、自然、柔美。在处理黑白关系时，则运用宽窄不一、自由奔放的线条来概括性地表现黑白关系，从而使整个画面生动活泼，对比强烈。

2.8 植物景观的画法

自然环境的风貌和人工建筑环境景观设计的结合，共同构建了美丽的城市环境。而植物景观设计则是城市环境设计中的重要元素。植物景观在城市中不仅具有改善和净化空气、减弱噪声、涵养水源、调节温度、防风、防沙、防火等物理功能，同时在视觉上更具有美化环境的功能。

植物景观的美主要体现在以下几个方面：

① 外观形态美：植物的外形是绿化造园设计的基本元素。再千姿百态、外形繁杂的植物都可大致归纳为圆柱形、球形、伞形、覆盖型、垂直型、多枝型、锥形、卵形等基本形态。而不同形态的植物景观给人的视觉感受是不一样的。只有充分了解和利用植物的形态视觉特征，才能设计出美丽的植物景观和创造出优美的建筑环境景观。

②色彩变化美：植物中的叶色、花色、果色等构成了五彩缤纷的色彩变化。人们欣赏植物景观通常是远看色、近看形，充分利用植物的色彩来设计环境景观，是景观设计中的重要内容。

③ 季节更替美：植物树木因其自身的生长规律，一年中会随季节的更替，产生丰富的形态和色彩上的变化。设计师应掌握并利用植物的习性，结合人们的审美心理，运用艺术设计原理配置景观植物，营造出让人心旷神怡的优美环境。

植物景观常见的种类主要有：落叶乔木、常绿乔木、针叶树、灌木、地被植物、草花等。我们在描绘植物景观时，应了解并利用植物配置的原理，如统一、韵律、对比、渐变、反复、单一、对称、均衡、主次等艺术设计原理，在画面中运用不同的钢笔技法主观地表达出来。在建筑环境景观表现画中，植物往往作为配景而存在。它不仅可以衬托建筑的主体景观，同时还可以通过不同距离的远、中、近景的表现来强化画面的空间层次，增加透视感。对于近景的植物树木，刻画一般较为详细，明暗对比也可以主观加强；中景的树木植物和建筑主体的距离较为接近，可做适当的局部遮挡，使画面产生较为真实的距离感；而远景的树木植物则相对概括处理，从而加强画面的纵深感。

图例与解析：

图例 8-1 技法解析：此幅画面中的植物种类非常丰富。在具体刻画时，线条运用了白描的方式。线条密度的安排也有所不同，通过整个线条的疏密有致的布局和互相挤压来衬托出各种植物的形状。

图例 8-2 技法解析：此幅画利用人物、植物和房屋在构图中不同位置的安排，丰富了画面的空间层次。中间密集的植物叶子很好地衬托出前景的人物。画面中各种不同植物的叶形和树枝的处理，使得整个画面更加生动。

图例 8-3 技法解析：此图为杂草丛生的破败房屋。在构图时合理配置破屋、树木、杂草、路面和天空的面积比例关系，以强化画面的近、中、远景的层次关系。采用快速速写的手法，充分运用线条的疏密来表现画面的对比关系。运用宽窄不一的线条来加重暗部。刻画的重点在破屋和栅栏，树和杂草则相对意象性地概括出其特性和动态，使画面形成相对写实和抽象的对比，从而使画面的焦点自然地集中在建筑上。线条奔放自然，生动活泼，画面空间层次感强，很好地表现出破败的画面意境。

图例 8-4 技法解析：此景观以植物为主。取景时就分出近、中、远三个层次。且画时，不同距离的植物形态，其刻画深入程度均有所不同，以造成疏与密、虚与实的空间透视效果。中远景的植物表达概括抽象。明暗也是相对写意式地表现出黑白层次，而近处的植物相对而言对比强烈。线条灵动，宽窄变化多端，看似凌乱的线条却较好地表现出空间层次感。

图例 8-5 技法解析：该画面构图饱满，植物与房屋共生共存，从而形成形态上的软硬对比。在画爬墙的藤蔓植物时，要很自然地分组，顺势画出藤蔓植物的形态。通过栅栏线条和地面线条的疏密和长短不一的对比，体现出画面的整体空间纵深的层次。线条用笔刚直与曲柔并存。

图例 8-6 技法解析：此图取景时以中间角楼为构图中心。两边建筑的配置增加了整个画面的纵深透视感，画面的空间进深感较强。前后景观物体层次分明，疏密对比生动、适当。植物的线条表现相对密集，与相对较疏的建筑墙体形成对比。用不同疏密的线条来表现建筑肌理，从而表达建筑的大体明暗转折。整个画面重点突出，疏密布局得当。

图例 8-7 技法解析：此植物景观速写画的表现，关键在于不同植物形状的用笔表现应有所不同。通过前后远近疏密度的对比来表现空间层次。近处的黑白对比强烈，远处的植物相对概括，从而增强前后空间感。有意识地加重相关暗部来表现光感。

图例 8-8 技法解析：此植物小品在起笔描绘植物轮廓时，就应有意识地用不同叶子形状来构造植物的外形。显示植物特征的主要体现在植物外边和亮部，刻画时往往把形状画得尽量具体写实一点。同时要敢于加重暗部，以增强画面的对比。暗部线条往往较为抽象概括。

图例 8-9 技法解析：此画在取景构图时，有意识地加大画面的镜头纵深感。天空、景物、地面的面积比例安排适当，树木、灌木、房屋以道路进行有层次的远近分布。在具体刻画时，不同层次远近的景物线条用笔的方式也有所不同。近处写实具体，远处相对概括。同时为了突出重点，画面中间部位的景观刻画相对写实，对比也较为强烈。两边的景物则较为概括抽象，线条轻松自然，意象性地表现出了整个植物景观的空间层次。

图例 8-10 技法解析：此钢笔速写的构图重点是松树，其比例尺度决定了整个画面的空间层次。在表现时应控制好远山和房屋的比例关系。具体刻画时，远处山的线条力求简洁概括，而近处的松树和花草相对更写实具象一点。尽量用复杂多样的线条及其组合形式来表现，以达到手法上的虚实对比，从而增加空间层次感。水面与岸边的交界处，既有强调，又有虚实变化，与水面灵动的线条和水中倒影共同构成灵动的空间画面。

图例 8-11 技法解析：此图是以热带植物为主，与茅草屋景观融为一体的热带建筑景观。画面通过不同植物的线条疏密和粗细变化形成对比来衬托画面的焦点——茅草屋。在具体绘制植物时，形状虚实相间，近处的植物相对显示具体，远处的概括抽象，从而形成画面的空间感。植物的形状要善于运用其形状间隙的线条密度的互相挤压来呈现。线条表现大胆奔放、随意自然。

图例 8-12 技法解析：此画空间层次分明，建筑被环绕在植物景观中。为了体现空间的层次感，构图上有意识地配置了近景的树、中景的建筑和远景的树丛，以速写的方式，用粗细不一的线条来表现植物和建筑景观的大体明暗关系。尤其是画面近景中的树采用加重暗部线条来表现具有光感的空间感。用笔大胆概括，线条表达看似自由奔放，但还是很好地表现了空间层次感、疏密以及黑白对比关系。

图例 8-13 技法解析：此画是带有草花的建筑旧居，显得刚柔并济，街道的导向增加了画面空间纵深感，草花树木和楼梯的刻画与街道和天空形成了视觉上的疏密对比。大胆地加重暗部，以增强对比，增加了画面的生动感。植物的刻画，线条的粗细变化运用，既概括、活泼，又轻松自然，意象性地表现出了其形态特征。

图例 8-14 技法解析：此图的亮点在于建筑墙面的藤蔓植物以及与其交织在一起的具有纵深感的建筑及街道的结构。具体表现时运用线条的疏密变化，把画面的焦点放在植物和街巷的走向上。藤蔓植物应归纳出植物的大概走向，顺其结构走向，若隐若现地画出枝叶。线条轻松自然，疏密有致。

临摹图例：

1. 首先确定构图中心处的植物位置，并大致画出其形态的轮廓，以便据此位置和大小逐次展开下面的步骤。

2. 接着画出右边的植物形态和轮廓，注意透视关系，植物叶形相对具象。

3. 继续画出远处左边的植物和灌木，线条用笔和近处相比，应相对概括抽象。

4. 画出近景处的灌木和植物，注意透视关系，以完善整个画面的空间透视效果。

5. 最后画出整体画面的大体明暗关系，近处的对比性强烈，远处则相对较弱并概括。

技法解析：此植物景观较为丰富。在处理手法上，灌木与树木的用笔应有所不同，近处与远处也应有所区别。近处的植物叶形尽量清晰，渐远后逐次概括，以增强画面的纵深感。画面布局时，近景、中景、远景层次分明。植物虽然是自然形态，进入画面时应有意识地注意加强透视的高低变化。黑白对比时，应当做到近景处的暗部要加重，以增强对比，加深空间的透视感。

2.9 雕塑小品景观的画法

雕塑景观是城市建筑环境中的重要历史和文化特征的载体，具有很强的象征意义和政治意义，甚至还有某些情感意义。它是城市环境中可被强烈识别的视觉符号。作为城市整体的一部分，其形式和内容的设置必须和城市的规划特点相结合，应考虑所处环境空间的性质以及它所表达的内涵是否合理。

雕塑小品景观往往与周围环境息息相关。它是衬托环境景观和点缀景观环境气氛的公共艺术品。建筑环境的性质决定着雕塑景观的类型。雕塑一般分为象征性雕塑、纪念性雕塑、标志性雕塑和装饰性雕塑等类型。在表现手法上，大多采用写实、抽象以及半写实的形式。雕塑的制作材料种类也很丰富，有花岗岩、石头、混凝土、石膏、水泥砖块、陶、黏土、木材、铜、不锈钢、铸铁、玻璃纤维、塑胶等。尤其在现代城市环境设计中，会更强调雕塑本身的视觉效果，通过大量运用新材料、新科技，出现了许多具有时代感和形式感极强的现代装饰性雕塑，极大地丰富了雕塑小品景观的多样性。

我们在绘制雕塑小品景观时，除了在构图上安排好位置大小，在线条笔法运用上，应根据不同雕塑的材质采用不同的线条表达，通过虚实、软硬、直曲、疏密对比等艺术处理效果来表现雕塑与周围环境景物的关系，同时还要力求整个画面的协调。

图例与解析：

图例 9-1 技法解析：此画的构图和视角具有很强的方向动感。线条相对密集在雕塑景观，且刻画时力求准确到位和具象写实。而背景的树则轻松、抽象、松散、自然，与紧凑精致的雕塑形成强烈对比。

图例 9-2 技法解析：建筑广场上的现代景观雕塑，刻画时应控制好与周围建筑的比例尺度关系。同时运用不同的疏密线条和黑白对比来烘托主体雕塑，而周围的建筑不需过多关注细节，概括出大的体块即可。线条表现时，既要表达出雕塑的瘦骨嶙峋的纠结感，又要表现出建筑形态的概括和流畅，从而达到线条手法上的对比。

图例 9-3 技法解析：此雕塑景观无论是材质还是形态都显得很尖锐。在刻画时，雕塑的线条应尽量坚硬挺拔，而背景树林的线条则有意识地用柔美的曲线来塑造，以形成软硬对比。同时背后的树林，以大写意的狂飞乱舞的线条作为背景，既与雕塑的几何形式的冷峻线条形成视觉反差，同时，自然飞舞的线条又与雕塑所要表现的意境协调统一。

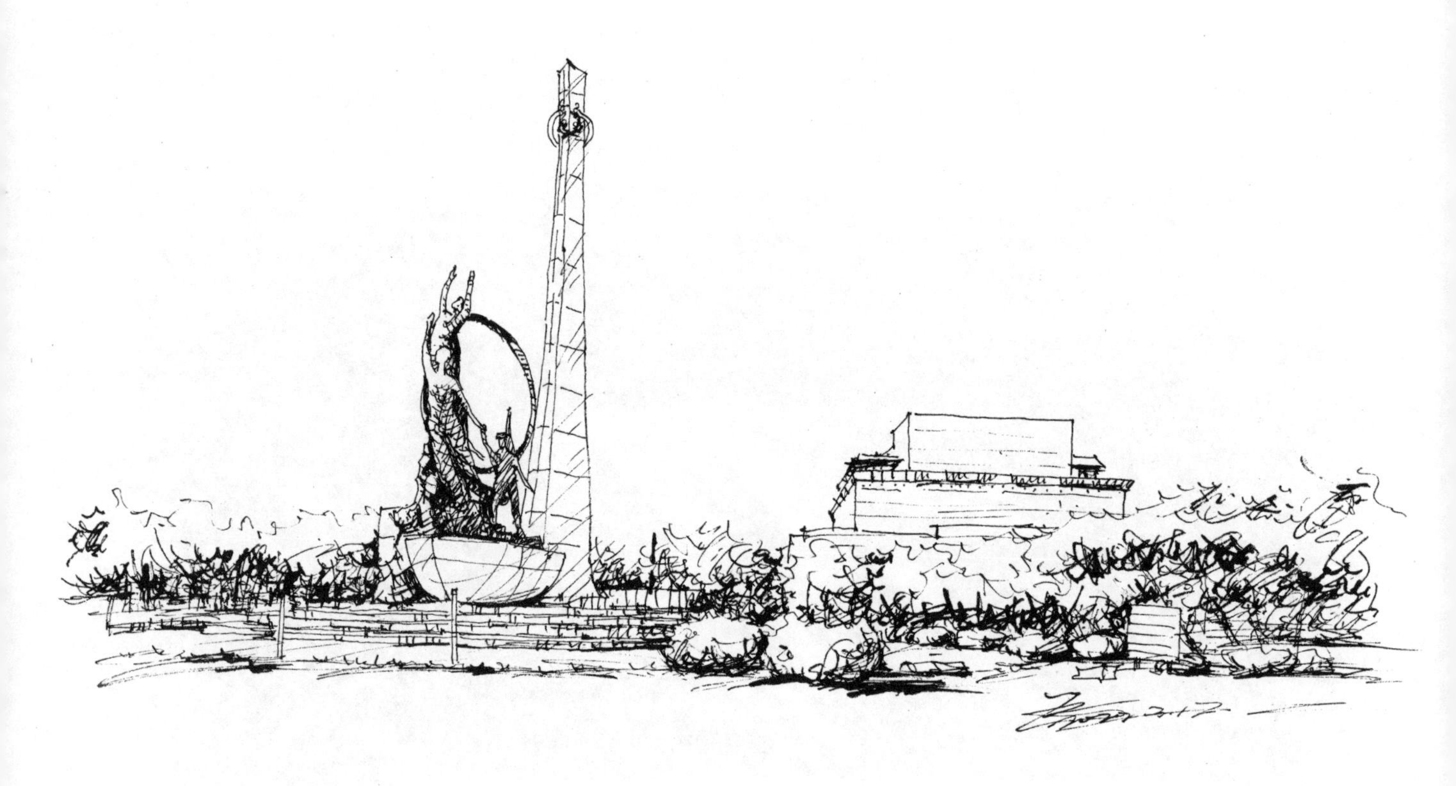

图例 9-4 技法解析：此图为广场纪念性雕塑。具体刻画时，不必过多关注雕塑的细节，以快速速写的形式，主要抓住其动势的大特征，细节应给予弱化。关键在于其在空间环境中的比例和透视关系的准确。明暗体积也是根据画面的需要概括处理。运用宽窄不同的线条有意识地加重暗部，以增强画面的黑白对比。线条粗犷、自然奔放，整个画面灵动、空间感强。

图例9-5 技法解析：此画的选景内容较为丰富，有树林、雕塑、台阶等不同内容，空间层次感强。抓住了雕塑的主要动势，比例、透视也较为准确。运用树林背景线条的互相反衬，形成视觉上的疏密和黑白对比。线条轻松自然，大胆加重了暗部，以增强画面的黑白对比。

图例 9-6 技法解析：抽象的带有构成形式的景观雕塑，看似简单，其难点在于自身结构比例的准确，甚至结构的穿插都要看似合理。不像传统的主题人物、动物雕塑，只要掌握大的动态和比例关系的准确，不必关注过多细节。此类广场现代抽象雕塑，关键在于自身的结构细节一定要准确。线条的曲线表达，一定要流畅且有张力，从而与背景的建筑直线形成对比。雕塑的结构细节力求细致准确，而周围的建筑外形则相对概括和抽象，从而形成视觉上的对比。

图例 9-7 技法解析：为了表现广场雕塑的完整性，构图时需要配以雕塑以外的相关建筑景观场景，以确定其景观属性，同时增加了画面的空间层次。刻画时要注意比例关系的合理准确。远处建筑和树林可概括处理。近处的地面以疏密有致的短线来表现，可以增加空间的透视感。而雕塑底座的线条，则以局促干脆的线条来表现石材质感，从而与植物和雕塑的曲线形成对比。

图例 9-8 技法解析：这是一个依附在建筑上的带有主题人物的雕塑。刻画的难度在于角度和透视。以线描的方式，运用线条的疏密变化以及雕塑的曲线和墙体的直线对比来达到画面的效果。线条力求准确、到位且流畅。

图例 9-9 技法解析：此雕塑景观是和建筑融为一体的写实主题性雕塑，采用了粗细均匀的线描方式来表现。角度偏仰视，在表现时雕塑和建筑的透视要合理。主要运用了线条的疏密来表现景观的体态特征。

图例 9-10 技法解析：在塑造此雕塑景观时，不同区域的景物线条应有所区分。底座三角形的直线表达显刚性，与上半部的异形曲线的柔性形成对比；植物线条的短促、断续与一气呵成的雕塑线条又形成了对比；再加上不同区域的疏密分布和黑白层次的表达，形成了画面的节奏变化。

图例 9-11 技法解析：为了体现雕塑被打磨后的石材特性，刻画雕塑的线条除了比例形态准确之外，应力求完整流畅。而作为背景的树木、草地等景观线条的表现应有断续、毛糙感，以凸显石材的光滑。同时增加背景的密度，形成疏密对比。根据画面整体效果加重相关区域的暗部，以增强画面的整个黑白效果。

图例 9-12 技法解析：为了体现抽象雕塑的形态特性，在线条表达上除了力求形态准确外，还要尽量表现出雕塑的机械和理性的感觉，线条应有张力和刚性。而空间环境中的其他部位的线条表达，则要随意自然和蜿蜒曲折，以形成画法上的对比。

图例 9-13 技法解析：雕塑的线条宜流畅、有张力且连贯，从而表现出雕塑景观的材料特性和形态特征。而其他部位的线条则随意、断续和短促，与主体雕塑的线条形成对比。同时，其他部位的形态也相对概括和抽象。整个画面以快速速写的形式，运用宽窄不一的线条和较为强烈的黑白对比来表达整体的画面效果和意境。

图例 9-14 技法解析：此画以快速速写的形式和粗细不一的线条，描绘了带有空间感的抽象雕塑小品。运用了尽量完整和带有张力的线条来表现雕塑外形。塑造明暗时，雕塑身上的线条相对有规律和理性，以体现金属感。而背景植物的线条则轻松、自然、概括，天马行空般地在画面中游走，从而与抽象的雕塑外形相协调，又与表现金属质感的线条形成对比，再加上黑白和疏密的分布对比，产生出画面的空间层次和节奏美感。

图例 9-15 技法解析：此雕塑为不锈钢金属景观雕塑。在表现材质时，上半部的光影部分，暗部与高光的反差要加大，反光物的形状宜概括、肯定，以凸显不锈钢材质的反光特性；表现下半部毛面不锈钢时，应根据转折面的变化，通过不同形状、线条、疏密来表现。意向性地用笔来表现明暗变化和材质的凹凸不平感。相对于主体景物其他部分的线条宜概括和随意。适当添加天空和地面的相关细节，以增强画面的空间感。

临摹图例:

1

2

3

1. 首先以轻飘、自然的曲线画出“巢穴”景观的大致形状和位置。
2. 画出其他部位景观的大致形状和比例关系。
3. 以轻松随意的线条画出草屋的大致明暗和肌理。

4. 最后画出其他部位的相关细节，增加空间层次感。

技法解析：由草搭建的“巢穴”景观雕塑与石材构建的建筑并置在一个画面中，除了尺度比例的对比之外，还有材质的表现也应有所区分。刻画“巢穴”景观的线条看似轻飘随意，实则是为了表现与硬质石材房屋所不同的柔软感觉。同时，墙面的纹理不要填满，稍许表现出体积感即可，这样可以与“巢穴”景观的密集线条形成疏密对比。

2.10 公共座椅景观的画法

公共座椅一般是指户外环境当中供人休息的公共家具。它虽然在环境中以独立的形式设置，但通常又与其他构筑物相融合，如与花坛、场地台阶等。有的公共座椅不仅可以提供休息之用，同时又是环境中装饰点缀整个景观环境的一个元素。

公共座椅的类型有单个的、有组合的，而组合后的形式也是多种多样。处于某个环境中的公共座椅作为景观，其造型设计和材料运用都应和周边环境尽可能相协调。如果使用完全不一样的公共座椅时，必须在视觉上拉开一定的距离，以避免相互干扰、无法相容的景观效果。在摆放时，一般均放置在树荫下，朝向风景优美的地方，且人流较少并保持较好的私密性。公共座椅的功能性是主要的，同时在设计和材料选择上更要兼顾其使用的牢固性、舒适性和美观性。

我们在画公共座椅景观时，应围绕座椅景观安排好远、中、近景层次，以体现画面的空间感。而远景一般概括、虚化，从而和座椅景观形成虚实对比。笔法上力求景观座椅线条的准确严谨，而其他部位的线条则相对自然松散，以形成画法上的松紧对比。

图例与解析：

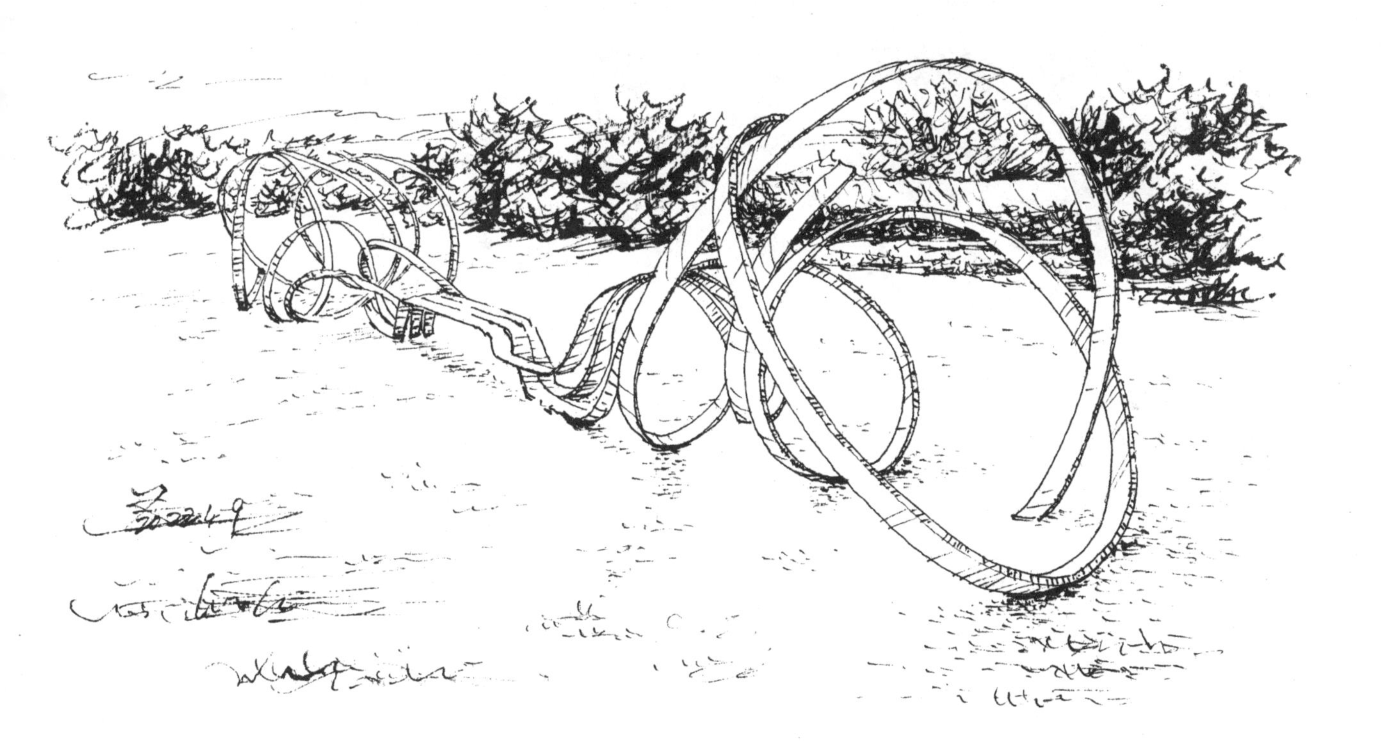

图例 10-1 技法解析：座椅景观的线条表达应有张力且连贯和严谨，并力求透视的准确，从而能表现出与其他部位不同的材料与质感，其他部位的植物景观线条则相对松散、随意、轻松，与主体形成手法上的对比。根据构图，以聚和散的方法，适量增加草坪上的投影和线条，以增强整个画面的空间感。

图例 10-2 技法解析：此画力求运用概括手法来表现公共座椅在阳光下的光感表现。线条粗细相间，疏密有致。背面树叶线条的处理大胆抽象，看似潦草混乱，但从整体上看，却很好地表现出光线下的黑白关系和空间层次。

图例 10-3 技法解析：类似于抽象景观雕塑的公共座椅，其外形由带有起伏且充满张力的弧线构成。在表现时，线条应力求一气呵成，且有张力地理性化的表现外形，与背景里轻松、自然、随意且概括的植物线条形成鲜明对比。为了表现座椅的质感，在其周围大胆地画出相对密集的草坪线条和阴影以形成质感上的明暗反差。线条粗犷、大胆、自然。

图例 10-4 技法解析：带有俯视角度的公共座椅，位于室内公共空间的环境中。绘制时应注意透视的准确，适当增加地面砖缝的线条，以增加空间感，大胆地加重相关暗部，以增加明暗对比，使画面更趋生动。

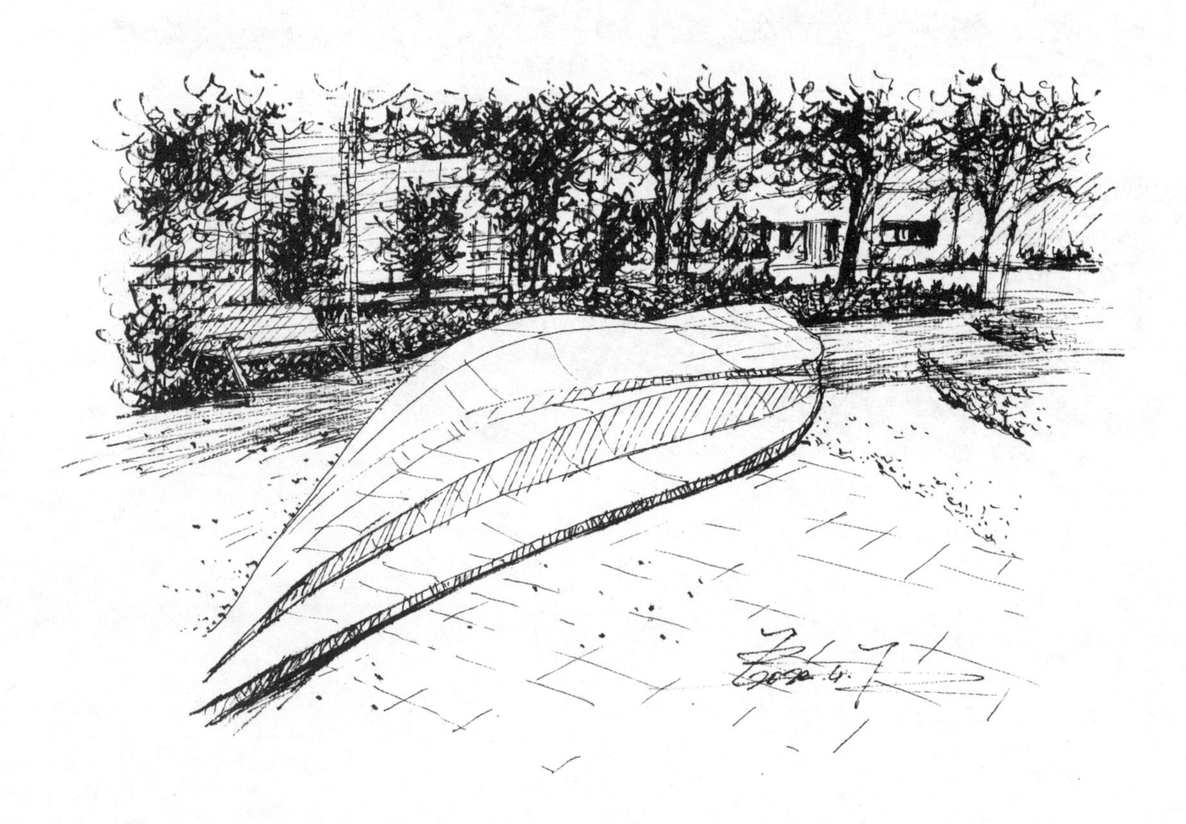

图例 10-5 技法解析：此抽象型公共座椅的外形用带有张力的连续不断的长弧线来表现，从而与其他部位的相对断续的短线形成对比。带有导向性的透视和地面上的少许砖线更加深了画面的空间层次。背景的植物处理大胆概括，以较深的线条来表达逆光的效果。整体画面的线条轻松自然，黑白对比强烈，疏密分布得当。

图例 10-6 技法解析：选择一个好的视角来表现公共座椅，再适当添加周围的场景，既能烘托主体，又能丰富画面的空间内容，增加空间透视感。表现时应力求透视的准确，同时运用线条的疏密和黑白粗细的对比来丰富画面的艺术效果。

图例 10-7 技法解析：以快速速写的形式记录了公共座椅的造型以及与周围花坛和植物的关系。在处理植物时，均以抽象概括的方式意象性地表现其形态。线条奔放、自然、随意。运用粗细不均的线条来加强黑白的对比，使画面显得更趋生动活泼。

临摹图例：

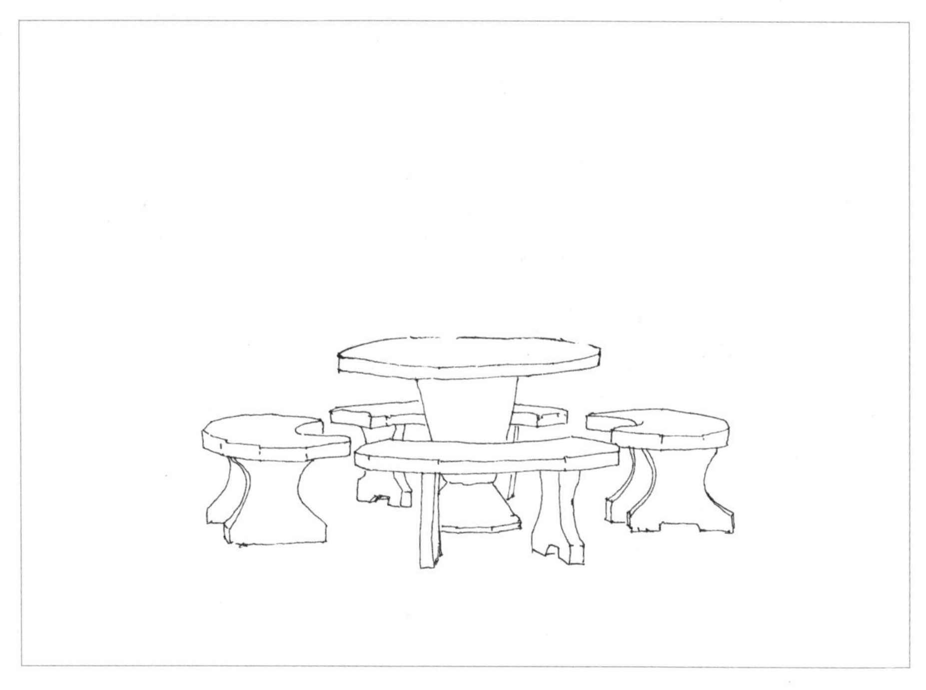

1. 首先确定公共座椅在构图中的位置，并画出大致形状，线条力求严谨准确。

2. 接着画出中景处的植物景观的外形，线条要轻松自然。

3. 继续画出远景和近景相关的景物，以使画面完整。

4. 画出公共座椅的大体明暗和投影，以增加立体感。

5. 最后画出其他部位大致明暗关系，加重暗部，增加画面的黑白对比，以加强画面的空间感。

技法解析：画面围绕着公共座椅安排了近、中、远景，层次分明，空间感很强。远景的景物若隐若现，有意识地不画完整，既和前景中的公共座椅形成了虚实对比，又增添了画面的氛围感。公共座椅的线条表现力求严谨准确，而其他部位的线条则相对松散自然，从而形成手法上的松紧对比。加重暗部时应注意整体画面的均衡。

2.11 花坛小品景观的画法

花坛小品景观和城市中的植物景观一样，也是美化城市环境的重要设计元素。其位置的配置一般放在城市道路的交叉口、道路的中心岛、城市重要的集散广场内以及街道拐角和房门屋前等地方。通过各种面积形状不等的花坛小品布局，可以形成各种各样的美丽街景，从而带给市民视觉上的享受。

花坛的形态多种多样，其造型根据所处空间环境的不同，会变化出各种形状，常见的有圆形、方形、扇形、多边形等，面积有大有小，有单个的，也有组合的花坛群。材料多为砖石砌筑或以现成烧制好的陶土花坛为主。花坛既可以独立存在，也可以和建筑、台阶等相结合。在现代建筑外环境中，花坛不仅可以栽植植物，起到美化观赏作用，同时还可以和公共座椅等景观相结合，以供人们休息小憩。

在画花坛景观时，应布局好画面中的近、中、远景的空间关系和面积比，同时在线条处理上应有所区别。花坛里的植物线条可松散、自然、随意，与花坛的结构线条以及地面等人造物的直线形成刚柔相济的对比。

图例与解析:

图例 11-1 技法解析：画面有紧有松，花坛的结构线和地面的直线线条与花坛里的植物线条形成了刚柔相济的对比之美。适当增加地面的铺地线条，以增加画面的空间纵深感。用粗细宽窄不一的线条，以快速速写的形式，意象性地表达出画面的明暗、体积甚至光线和阴影的效果，整个画面轻松、自然、随性。

图例 11-2 技法解析：此花坛小品为城市街道旁的道路植物景观。在表现时，除了要表现出花坛植物的透视变化外，适当增加道路旁的建筑和远处景观，以增加画面的空间透视效果。在表现明暗时，通过前景和远景的明暗对比强烈程度，来体现远近的空间层次。

图例 11-3 技法解析：角落里的花坛小品。运用粗细不均和疏密有致的线条对比来表现画面里不同的植物和各种景观物件。通过加强黑白对比来塑造整个画面的空间层次，同时线条的虚实表达又增强了画面的情趣。

图例 11-4 技法解析：此为建筑庭院里的花坛组合。运用轻松、自然以及意象性的线条笔触，概括性地画出植物景观的大致形态和动态，通过加重暗部和不同区域的疏密关系的对比，挤压出建筑和地面的形态，同时强调了整个画面的空间透视感。

图例 11-5 技法解析：此为建筑角落里的花坛景观。运用意象性的笔触线条来表现植物景观的形态和明暗关系。通过画面黑白关系的布局和疏密的对比，来表现整个小品景观的意境。线条轻松自然，画面带有灵动的空间感。

图例 11-6 技法解析：此小庭院的花坛植物种类较为丰富．为了很好地表现出画面的空间纵深效果，近景处的植物尽量写实，而远景处则相对概括抽象。要敢于大胆加重相关部位暗部的深度，以增强画面的黑白对比效果。同时通过黑白对比、疏密安排来平衡整个画面的构图效果，尤其应注意水面的波纹，自然灵动。整个画面线条轻松、自然、奔放。

图例 11–7 技法解析：整体画面的线条表达奔放、自然且概括，用粗犷、随意和不同密度的线条形式，很好地表现出画面的空间透视感。画面下部植物外形及明暗表现相对抽象概括，依次递进到达画面上部的树冠外形又是概括抽象，增强了画面的空间纵深感。

图例 11-8 技法解析：此花坛的植物组合较多。掩映在植物中的人造墙体等景观若隐若现。可以运用不同笔法的叶形组合来表现不同区域的植物。为了更好地表现前后空间感，近处的植物叶形相对写实，而远处的则相对概括抽象。整个画面运用意象性的笔触线条，利用黑白疏密的变化关系来表现画面的空间层次。

图例 11-9 技法解析：此画取景时就有意识地省去了实景中的许多细节，只是根据画面需要选择了相关景物。左右两边进行虚化的处理，从而把画面的焦点集中在花坛和木架等相关细节上。对于花坛、植物和相关景物的暗部大胆加重，并合理地对线条进行疏密处理，使得整个画面的艺术效果更加生动。

图例 11-10 技法解析：此画大胆运用了黑白和粗细的线条对比来塑造整个画面的空间透视和虚实效果。植物线条有紧有松、抽象概括。整个画面的线条疏密有致，奔放自然。对于最近处的座椅，大胆采用了概括、局部的类似摄影的虚化画法，强化了画面的远近空间效果。

临摹图例：

1. 首先确定花坛小品在构图中的位置，并根据植物形态意象性地画出大体轮廓。

2. 接着画出远景植物大致位置和轮廓。

3. 用明暗块面来塑造近景植物的大致体积关系，用规则排线和自由线条相结合，互相挤压出相关物体的明暗关系。

4. 画出远处树木大体黑白关系，排线有虚有实，以展现远景的起伏变化，线条宜轻松自然。

5. 最后加强画面近景的明暗对比。加深花坛阴影的处理，同时注意阴影边缘的虚实变化。调整整个画面。

技法解析：此花坛小品选景时就增加了远景的内容，这使得整个画面内容丰富，空间层次感强。刻画的重点放在近景处的花坛景观上，在具体表现时，运用帅气且疏密有致的排线线条，概括性地表现植物景观的远近、明暗和虚实关系。运用此方法表现时，应着重关注植物的“势”，而对于植物花卉的具体形态，则是概括性地表现。明暗虚实的处理则有意识地重点强调前部花坛植物阴影的黑白对比，同时阴影边缘的线条则有虚有实，增加了画面的“透气感”。而远处的排线线条相对近处则更虚化处理，从而凸显出画面的空间感。整个画面灵动、自然，光线感极强。

2.12 雪景景观的画法

雪景不仅是一种令人感觉既冰凉、纯洁，又浪漫、温馨的自然景象，同时更是一种人文景观。它的纯净、洁白、清净、寒冷，可以荡涤人的心灵，去除内心的杂念，使人得到精神上的自由与超脱。古往今来、无论中西，雪景都是各画种和各国画家的重要表现题材。

用单色钢笔画雪景，要避免和照片一样进行无差别地呈现，那样会僵化，缺乏意境。一定要经过自己主观的艺术处理，有所取舍、有所强调地绘制某些细节。要让黑白的画面意境可以带给观者主观认知上有色彩的感觉，并引起心理上的联想，这样的钢笔画雪景才有艺术感。在描写各局部雪景时，虽然都是从局部入手，但在动手之前一定要有大局整体观，不可画得太碎片化，应有所取舍地提炼出不同景物被雪覆盖下的主要形态特征，并和整体画面相协调。

图例与解析：

图例 12-1 技法解析：此为冬天雪景环境下的水景表现。在取景时要合理安排好远、中、近的层次关系以及白色雪景的区域占比。在具体表现时，宜采用较写实的明暗过渡方法来反衬雪景，尤其是树枝、树干上的局部细节可重点刻画，以强化雪景的意境。虽然手法写实，但在具体表现时，要学会抽象和写意地表现雪景下纷繁复杂的树枝形态。对于雪景下的水面，难点在于明暗度的把握和明暗过渡处理，同时，水纹要做到近处清晰，对比强烈；远处模糊，对比较弱。

临摹图例：

1. 首先确定中间位置上的树木在构图中的比例大小，以此作为决定其他树木的大小和位置的参照物。直接从局部刻画树木的大体黑白关系，感知雪和树木之间的形态转换，概括性地画出树木下的雪景。

2. 意象性地画出左边树木雪景下的大致黑白关系。不必过多关注细节，留待画面的大关系画完后再根据整体关系调整深入。

3. 继续画出右边植物的形状与雪景。此部位的雪景和左边相比应相对较明确和对比强烈，以增强画面透视感。

4. 画出近景草地的雪景。应先感知雪地的大的起伏形态。概括性地画出雪地的起伏和草的形态，用笔宜虚实相间，疏密有致。

5. 最后加重暗部，根据画面效果整体调整画面的相关细节，完成画面。

技法解析：此植物雪景的描绘难点在于细节非常繁琐和复杂。在刻画时直接从局部细节入手，顺着植物雪景的局部形态进行黑白、线条明暗的穿插对比，来描绘雪景下的植物形态。同时还要整体控制大的形状、透视和黑白关系。也就是从局部入手刻画，但脑子里始终考虑与整体的关系。雪景下的植物虽然繁杂难以把握，但可以意象性地概括处理雪景下的植物形态，尤其要注意白雪与树枝和树叶交界处的黑白虚实变化。